大学问

始于问而终于明

守望学术的视界

生活中的意义

Meaning in Life and
Why It Matters

【美】苏珊·沃尔夫 —————— 著

陆鹏杰 —————— 译

广西师范大学出版社

·桂林·

生活中的意义
SHENGHUO ZHONG DE YIYI

Meaning in Life and Why It Matters
Copyright © 2010 by Princeton University Press
All rights reserved. No part of this book may be reproduced or transmitted in any form or by any means, electronic or mechanical, including photocopying, recording or by any information storage and retrieval system, without permission in writing from the Publisher.
著作权合同登记号桂图登字：20-2023-207 号

图书在版编目（CIP）数据

生活中的意义 /（美）苏珊·沃尔夫著；陆鹏杰译. -- 桂林：广西师范大学出版社，2024.2
（实践哲学丛书 / 陆鹏杰主编）
书名原文：Meaning in Life and Why It Matters
ISBN 978-7-5598-6554-0

Ⅰ．①生… Ⅱ．①苏… ②陆… Ⅲ．①人生哲学－通俗读物 Ⅳ．①B821-49

中国国家版本馆 CIP 数据核字（2023）第 241542 号

广西师范大学出版社出版发行
（广西桂林市五里店路 9 号　邮政编码：541004
网址：http://www.bbtpress.com）
出版人：黄轩庄
全国新华书店经销
广西民族印刷包装集团有限公司印刷
（南宁市高新区高新三路 1 号　邮政编码：530007）
开本：889 mm ×1 240 mm　　1/32
印张：9.75　　字数：120 千
2024 年 2 月第 1 版　　2024 年 2 月第 1 次印刷
印数：0 001~5 000 册　　定价：79.00 元
如发现印装质量问题，影响阅读，请与出版社发行部门联系调换。

献给凯蒂（Katie）和丽莎（Lisa）

目　录

致　谢 i
导　论 i

一、生活中的意义　1
　　虚假二分　3
　　何为有意义的生活　16
　　充实论　28
　　超越自我论与二分论　37
　　捍卫适宜充实论　51

二、"有意义"这个概念为何重要 69

关于客观价值的问题 74

谁说了算？精英主义的危险 80

两种独立于主体的价值 84

价值的形而上学难题 93

"有意义"这个概念为何重要 99

意义与自我利益 106

意义与道德 109

客观价值观念的必要性 126

三、评论 129

约翰·科特 131

罗伯特·M.亚当斯 146

诺米·阿帕利 166

乔纳森·海特 180

四、回应 199

意义的客观要素：成功有多重要？ 204

意义的主观要素：充实感有多重要？ 215

意义的理由和爱的理由 226

对适宜充实论的挑战：客观价值真的必不可少吗？ 233

客观价值和主观兴趣的互相依赖：这是一种和解吗？ 249

索引 259
译后记 284

致　谢

多年来，我一直在思考、讨论、撰写与这些演讲相关的主题。许多朋友、同事、学生都跟我进行了讨论，令我受益匪浅。在此我无法将他们一一列举出来。不过，除了坦纳基金会（Tanner Foundation）和普林斯顿大学，我也特别感谢其他几个机构，我想在这里向它们致谢。古根海姆基金会（Guggenheim Foundation）和澳大利亚国立大学为我的研究提供了一年的资助，正是在那段时期，我开始发展我对有意义的生活的看法。梅隆基金会（Mellon Foundation）为我的第二次澳大利亚国立大学之旅提供了资助，并且给我提供了一些资源，使得我过去几年的教学和研究不仅变得格外愉快，而且也让我收获颇丰。最后，感谢北卡罗来纳大学教堂山分校，尤其是哲学系，感谢它们打造了一个所有人都梦寐以求的学术共同体，给我们提供了许多激励和支持。

苏珊·沃尔夫
2009年7月21日

导 论

斯蒂芬·马塞多[*]

本书源自苏珊·沃尔夫2007年11月在普林斯顿大学所发表的演讲。虽然她在这些文章中探讨的是一个大家耳熟能详且无法回避的主题，但这个主题在哲学上却没有得到持续的关注。然而，沃尔夫的主题并不是人类生活的终极意义，她并不打算探讨人类是不是一个更宏大的叙事、更高

---

[*] 斯蒂芬·马塞多（Stephen Macedo），普林斯顿大学政治学劳伦斯·洛克菲勒讲席教授，曾任普林斯顿大学法律和公共事务项目创始主任（1999—2001）、普林斯顿大学人类价值中心主任（2001—2009），现为美国政治科学协会副主席。主要研究政治理论、伦理学和公共政策，代表作有《危机中的民主：政治选择如何破坏公民参与，以及我们能够做些什么》（合著）、《多样性与不信任：多元文化民主中的公民教育》和《自由主义的德性：自由主义宪政中的公民、德性与共同体》等。——译注

层次的目的或某种与宗教传统相关的计划的一部分。有些人也许会对人类的存在产生某种畏惧，或者会担心如果缺乏某种更宏大的叙事，人类的生活注定毫无意义，会被死亡和宇宙最终的内爆所毁灭。但是，沃尔夫同样也不打算抵御这样一种畏惧或担忧。最后，沃尔夫在这些演讲中也没有为如何建构有意义的生活提供具体的方法，尽管她的演讲确实有助于澄清何为有意义的生活，以及有意义的生活为何重要。

我们都在自己的生活中寻找意义，并且也都意识到那些无聊、沉闷、失去自我、无精打采且毫无动力的生活缺乏意义。但生活中的意义（meaning in life）到底是什么呢？它是独特的吗，还是说它可以还原成其他目标以及其他概念？这样一个范畴（category）是否有助于我们思考什么样的生活是值得过的美好生活？想要在自己的生活中获得这种意义，这会是一种合理且自洽的想法吗？

沃尔夫试图阐明、捍卫并确保"有意义"（meaningfulness）这一范畴是美好生活的一个独特维度。她将"有意义"与"幸福"（happiness）和"道德"（morality）这两个范畴区分开：幸福通常与理性利己主义联系在一起，而道德则通常与对人类福祉（well-being）不偏不倚的关注联系在一起。在沃尔夫看来，有意义虽然并不是这两个范畴中的任何一个，但仍然是一种非常值得追求的东西，而且也是一种令人完全心满意足的生活所必不可少的要素。

在第一次演讲中，沃尔夫主张，我们最好根据"适宜的充实感"来理解生活中的意义。按照她的说法，"如果我们的主观吸引力与某种具有客观吸引力的事物相遇，而且我们还能够为该事物（或者和它一起）做点什么，那么我们的生活就有意义"。这里有三个关键要素，分别是：主观吸引力、客观价值和积极有效的参与。在沃尔夫看来，人类不仅渴望获得充实感，而且当有些人满怀热情且富有成效地参与一些值得参与的计划时，我们还会对这些人感到钦佩。

但是，我们该如何确切地理解有意义的生活的不同要素呢？它们都必不可少吗？是否还有某些有意义的生活的特征是沃尔夫没有发现的？沃尔夫主张，我们应当参与到某种比自己更大或至少在自身之外的事物当中，她坚信这种用来判断某项计划值不值得或适不适合参与的客观标准非常重要。这个主张正确吗？它是否可能会导致我们对别人妄加评判，甚至变成一种精英主义的主张？还是说，它还不至于会导致我们对别人妄加评判？

沃尔夫以严谨而微妙的方式来进行她的探究，她在某种程度上采用了"共识法"（endoxic method）：普通人在他们的生活中都渴望获得意义，而共识法会认真对待普通人在这方面的看法。她所发展出来的观点为普通人经常提到的这一说法提供了支持，即过有意义的生活是一件很重要的事情。因此，沃尔夫的理论有助于证明人们为获得意义所付出的很多努力都是正确的。接下来的其他文章（包括评论）并没有仅仅停留在抽象的层面上，而是用一些假想的案例和真实的案例进行了丰富的阐述。这是哲学最精彩的地方：尽管大家早已对某种价值耳熟能详，但这种价值的重要性和结构还远远不够清晰，甚至它的真实性可能还会受到质疑，而沃尔夫却运用清晰的思路来阐明这种价值。她有力地证明了我们确实应当把**生活中的意义**当作衡量人类福祉的一个基本评价标准。

除了沃尔夫两篇关于生活中的意义的文章，本书还收录了四篇评论：这些评论虽然带有批判性，但也包含了建设性的意见。约翰·科特和罗伯特·亚当斯在很大程度上赞同沃尔夫的观点，他们试图澄清生活中的意义所包含的主观要素和客观要素。诺米·阿帕利和乔纳森·海特对沃尔夫的部分主张表达了怀疑，他们质疑了客观价值标准的必要性。

约翰·科特既是哲学家，又是诗人。针对沃尔夫关于生活中的意义所提出来的理论，科特从绘画和写诗等艺术创作的角度，尤其是从先锋派艺术创作的角度进行了探讨。在艺术创作中，要判断某项计划最终值不值得参与，从而能否让参与者获得意义，似乎是一件特别难以确定且富有争议的事情。在某种程度上，这是因为人们对成功的标准及其应用经常会有争议——"你把它称为'艺术'？"——而且它们确实是可争议的。当沃尔夫说某项计划或活动在客观上有价值的时候，这指的是它属于某一类受到我们重视的计划或活动，还是该计划或活动在这种情况下已经成功完成了？在某些领域，例如工程领域，人们似乎可以直接检验某项计划是否成功（比如某个建筑物是否抗震？）但是，成功而有意义的艺术追求和失败或虚假的努力之间的分界线既模糊不清，又备受争议，尤其对那些有所创新的人来说就更是如此。然而，有没有获得成功这个问题和我们对生活的评价密切相关。当高更非常想要成为一名艺术家，并且为了追求自己的愿望而忽视他的家庭时，如果说他的所作所为情有可原，这至少在某种程度上是因为他的艺术最终获得了巨大的成功。但如果他是一个"毫无才华的职员"呢？我们何时以及如何才能够确定他有没有获得成功？科特论证道，对很多审美追求来说，"它们本身就包含了妄想的可能性（the possibility of delusion）"，伟大和欺骗之间的分界线往往不仅很微妙，而且还会不断发生变化。

如果说科特关注的是"值不值得"这一客观维度，那么罗伯特·亚当斯则关注的是"有没有感到充实"这一主观维度，他想知道"充实感"是否以及在何种意义上对有意义的生活至关重要。亚当斯怀疑充实的**感受**对有意义的生活并不是必不可少的。完成一个人的计划，也就是说，他的计划确实**取得了成功**，可能会更加重要。巨大的成功肯定有助于给一个人的生活带来意义，但如果某个人的生活被认为是有意义的生活，那么他的生活至少就必须包含某种程度的成功吗？亚当斯认为，事实上，如果某人参与的是一个宏大的计划，即便该计划最终失败了，他的生活也可能会因此变得非常有意义。亚当斯举了这么一个例子：在第二次世界大战即将结束的最后几个月，有人秘密谋划刺杀希特勒，但该计划最终失败了。

亚当斯进一步考虑了生活中的意义和其他类型的意义（包括语言中的意义）之间一些富有启迪的相似之处。最后，他还探讨了生活中的意义的客观维度和不偏不倚的道德之间的关系。在他看来，这两者之间的关系可能比沃尔夫所认为的要更加密切、也更加全面。有些人之所以去反抗邪恶，并不是出于不偏不倚的道德考虑，而是出于爱国之情、对国家的热爱或其他偏向某些特定对象的动机。我们该如何看待这些人呢？此外，我们是否必须用不偏不倚的道德判断来确保我们爱的是适当的对象——或者至少是在道德上可接受的对象？

诺米·阿帕利质疑了沃尔夫的这个主张：为了给我们的生活提供意义，"客观价值"起到了必不可少的作用。阿帕利认为，只要说某种生活会让过这种生活的人感到充实，就足够了，并不需要补充说，根据某种客观标准，这种生活适合让人感到充实。如果我们足够幸运，一辈子都在做我们最在乎的事情，这难道还不够吗？为什么还要补充道，我们所做的事情必须具有一定的客观价值？阿帕利说，毕竟一种只盯着金鱼看的生活并不会让任何一个正常的成年人感到充实。虽然某些人声称他们的充实感完全来自他们和宠物之间的关系，但这些人通常误解了某些事实（例如，他们会说"只有我的宠物能理解我"，而夸大了猫和狗的认知能力）。这些人也有可能缺乏某些人类能力，所以照顾宠物实际上是他们的能力极限。当某个智障者成功饲养了一只宠物时，他可能真的会在很大程度上感到充实。阿帕利认为，这里并不需要诉诸客观价值，只需要诉诸直觉以及关于哪些事物确实会让人类感到充实的证据（基于我们对人类的了解）。

阿帕利还提出了另一个问题：把有意义本身理解为我们的行动理由是否恰当？她坚持认为，当我们出于热爱而努力做某些事情时，我们是为了那些事情才这么做的，而不是为了过上有意义的生活。如果有人之所以做某些事情，**是因为**这些事情有助于给他的生活带来意义，那么这就是"想太多了"。

乔纳森·海特认为，有两个要素对实现有意义的人类生活至关重要，而心理学可以帮助我们阐明这两个因素。第一个要素是"全心投入"（vital engagement）这个观念，它以"心流"（flow）的体验作为核心特征。它的意思是：有些人享受着专注的乐趣，而且对某项计划怀有浓厚的兴趣，并且还把他们的生活和关系建立在该计划之上。全心投入是那些有意义且高产的生活的特征。海特认为，我们并不需要借助任何一种客观价值观念对"全心投入"这一观念进行补充。像阿帕利一样，海特同样也主张，虽然有些人会致力于盯着金鱼看、在旗杆上坐着、开割草机赛车或从事其他一些人们有时候只是为了好玩而参与的娱乐活动，但正常人并不会对这样的生活感到充实，或者说不会全心投入这样的生活。海特认为，关于客观价值的哲学理论不仅是多余的，而且非常危险。因为这样一种理论可能会受到精英主义的迷惑，它可能会错误地将人们深入且富有成效地参与的某些活动给排除在外，比如对马的照料和饲养。

海特说，心理学可以为我们理解生活中的意义提供第二个重要的洞见，那就是蜂群心理学（hive psychology）。人类是"超群居（ultrasocial）动物"，而不是个人主义动物，在这一点上，我们比我们的黑猩猩祖先更接近于"蜜蜂、蚂蚁、白蚁和裸鼹鼠"。海特认为，如果我们在对充实的生活进行思考的时候，把群体而不是个体作为我们的思考中心，并且意识到参与集体仪式和集体计划的重要性，那么我们将更容易实现有意义的生活。

面对这些友好而敏锐的评论者，沃尔夫在其回应中扩展并深化了她的论证，她承认这些评论者在某些方面帮她改善了她的基本观点。但沃尔夫拒绝接受这样一种主张，即当我们在思考哪些活动有助于给我们的生活带来意义时，我们并不需要从客观的角度来判断哪些活动值得或适合参与。在她看来，客观的标准可以帮助我们理解为什么有些活动不适合深入参与，也不适合我们通过爱的方式给予关注。如果我们相信关于哪些活动适合参与存在着客观的标准，而这种信念会导致我们怀疑应不应该将大量的精力放在养马、做分析哲学或其他一些其价值可能受到质疑的活动上,那么持有这种信念就是一件好事。沃尔夫认为,关于我们有没有成功识别出那些既令人感到充实又真正值得参与的计划以及有没有成功追求这些计划,在这方面我们应该对批判性的反思表示欢迎。

以上这些文章探讨的是一个热门话题,它们不仅在哲学上很严谨,而且通俗易懂、文笔生动。虽然这些文章并没有打算为这些至关重要且无法回避的问题提供最终定论,但它们是我们开始认真思考生活中的意义及其重要性的一个绝佳起点。

普林斯顿
2009年7月

一

生活中的意义

虚假二分

人们通常会用两种哲学模型（philosophical models）来描述人类的心理状态，或者更确切地说，会用它们来描述人类的动机。将人类当作利己主义者，认为只有那些被人们视为符合自身利益的事情才能够驱使或引导他们采取行动，这也许是最古老且最受欢迎的一种模型。然而，长期以来也有人在捍卫一种二元论的动机模型；按照这种模型，除了自身的利益，还有某种"更高级的"东西也能够驱使人们采取行动。例如，康德有一个著名的观点，他认为人们除了受自身倾向的影响，理性本身也能够对他们产生驱动或引导的作用。

这两种描述性的人类动机模型与某些规约性（prescriptive）或规范性的（normative）实践理性模型具有紧密的联系。心理利己主义持有这样一个描述性的论点，它认为人们只会追求自己的利益；而理性利己主义则持有这样一个规范性的论点，它主张只有当人们试图让自己的福祉（welfare）水平最大化的时候，他们才是理性的；这两个论点不仅密切相关，而且经常被人们混淆在一起。与二元论的人类动机观念相对应，我们会发现，也有人在支持一种二元论的实践理性观念。这种观念也许在亨利·西季威克（Henry Sidgwick）的著作中体现得最为明显。西季威克认为，以下两种视角为人们提供了同样有效的行动理由：一种是利己主义的视角，它会建议人们去做最符合自身利益的事情；另一种则是非个人化的（impersonal）视角，它会敦促人们去做那些"从宇宙的角度来看"最好的事情。

在日常交流和哲学讨论中，当我们为自己的行为或策略提供辩护（justifications）时，我们似乎就会想到这两种模型中的某一种。通常来说，当别人要求我们为自己的选择提供解释或辩护时，我们会给出某些理由并且这些理由看起来

一、生活中的意义

属于自我利益的范畴。比这种情况更常见的是，当我们试图说服**其他**人做某事时，我们也会诉诸自我利益——在这种情况下，我们诉诸的是**其他**人的自我利益。然而，在某些情况下，诉诸自我利益根本无法令人信服；而在另一些情况下，诉诸自我利益要么不恰当，要么则没有把握到要点。在这些情况下，我们很可能就会诉诸义务（duty），从而说出诸如此类的话：正义、同情心或道德会要求我们以这样或那样的方式行动，不管那样做是否有助于促进我们自身的利益。

然而，我认为，还有很多动机和理由会影响我们的生活，但它们却被上述这些动机模型和实践理性模型忽略了。而且这些被忽略的理由既不是次要的，也不是怪异的。事实上，我们可以说，这些模型所忽略的是我们生活中某些最重要、最核心的理由和动机。正是这些理由和动机促使我们从事某些活动，从而让我们的生活值得一过；它们给了我们一个继续活下去的理由，让

· 5 ·

我们的世界运转起来。这些理由、动机以及它们所引发的活动,为我们的生活提供了意义。

在本次演讲中,我的目的是阐明这些理由的独特性质,以及它们对我们的生活质量所产生的特殊作用。具体来说,我认为,"我们容易受这些理由的影响"与"我们有可能过上有意义的生活"两者之间是有联系的;我会将"有意义"理解为生活能够具有的一种属性,并且这种属性不是人们通常所理解的那样,可以还原成幸福或归入"幸福"这一范畴;不仅如此,我认为它也无法还原成道德或归入"道德"这一范畴。接下来,我将重点解释我所说的"有意义的生活"(meaningfulness in life)*具有哪些特征,并且将

---

* "Meaningfulness in life"指的是有意义的生活的独特属性,也就是说,正是这种属性使得某些生活成为有意义的生活,如果将它直译过来的话,大概是"生活中的有意义性"。按照我的理解,作者之所以要在"meaningfulness"后面加上"in life",是为了强调她在本书中所讨论的"有意义"是针对我们的生活而言的,而不是针对其他事物(比如说语言)。然而,"生活中的(转下页)

一、生活中的意义

通过某种阐述方式来表明，对我们自己和我们在乎的人而言，有意义的生活似乎是值得向往的。然而，正如我们将看到的，我的演讲内容**在实践方面几乎没有什么用处**。虽然我会提出某种观点来解释有意义的生活意味着什么，但关于我们如何拥有这样的生活或如何过上这样的生活，我只能提供某些最抽象的建议。因此，在我的第二次演讲中，我会通过回应一组特别重要的反对意见来捍卫我的观点；之后，我将转向这样一个问题：既然我们在思考应当去做哪些事情以及应该如何生活的时候，更习惯于使用"幸福"和"道德"

（接上页）有意义性"这个表述不仅不符合汉语的表达习惯，而且多多少少也令人费解。因此，为了将它译得更通顺，本书把它译为"有意义的生活"。虽然"有意义的生活"指代的是某一种生活，而不是某一种生活的独特属性，但考虑到作者在本书中所讨论的核心问题是"何为有意义的生活"，而且作者在本书的其他地方也经常直接用"a meaningful life"或"meaningful lives"来讨论这个问题，我认为这个改动几乎不会对作者的主要观点有任何实质性的影响。——译注

这两个范畴，而"有意义"这一范畴又与它们有所不同，那么为什么"有意义"这样一个范畴有没有引起我们的注意，会是一件至关重要的事情呢？正如我将论证的那样，意识到"有意义"是生活能够具有的第三种价值会影响我们对前两种价值的理解。也就是说，采用某些对"有意义"有所关注的人类动机模型和理性模型会影响我们对幸福和道德——以及对自我利益——的思考方式。此外，如果我在这些演讲中所提出来的观点是正确的，那么除非我们认为价值判断具有某种客观性，否则意义就是不可设想的。因此，如果我们想要继续谈论、关注并鼓励人们在他们的生活中获得意义，那么在有关价值的讨论中，我们就需要承认这种客观性。

让我先举几个例子来说明我正在思考的那些理由和动机——要恰当地理解这些理由和动机，我们不能只关注它们是否有利于提高我们的幸福水平，或者是否有利于促进非个人化的理由（或

一、生活中的意义

道德）要求我们去做的事情。我能想到的最明显的例子是：我们对某些人非常在乎、特别在乎，出于对他们的爱，我们采取了行动。当我去医院看望我的兄弟，或者帮我的朋友搬家，或者彻夜不眠为我的女儿缝制万圣节服装的时候，我的行为既不是出于自利的理由，也不是出于道德的理由。我并不认为，做以下这些事情会让**我**过得更好：在一个单调乏味的狭窄房间里，我沮丧地度过一小时的时间，只能看着我的兄弟烦躁、痛苦；或者我冒着背部受伤的危险，试图把我朋友的沙发安全地搬下两层楼；或者为了确保在明天的节日游行中，我的女儿想要穿的那套蝴蝶服装会有一双姿态优美的翅膀，我放弃了自己非常渴望的好几个小时的睡眠时间。但我同样不认为我有义务去做这些事情，也不会自欺欺人地认为，如果我这么做了，那我就做了对这个世界最有益的事情。我之所以做这些事情，既不是为了促进个人利益，也不是因为我有义务或者有其他非个人化的理由（或不偏不倚的理由）要这么做。恰恰相反，我是因为爱才去做这些事情的。

由于利己主义和二元论的实践理性模型忽略了上述这些理由——这些理由或许可以被称为"爱的理由"（reasons of love）[1]，因此我认为，这两种模型同样也忽略了另外一些理由：这些理由会促使我们去追求某些与人无关但却让我们充满激情的兴趣爱好。写哲学论文、练习大提琴，以及除掉自己花园里的杂草，这些事情可能会要求我们投入很多时间和精力，从自身福祉的角度来看，它们可能并不是最优的行为。而且在这些

---

[1] 哈里·法兰克福（Harry Frankfurt）使用过这个短语，他的使用方式跟我差不多，目的也和我基本一样，参见 Harry Frankfurt, *The Reasons of Love* (Princeton: Princeton University Press, 2004)。跟我一样，法兰克福也认为，因为我们容易受到爱的理由的影响，所以我们才有可能过有意义的生活。然而，接下来我将论证，只有满足一定的条件，爱的理由才能够为那些与意义相关的论断提供依据，但法兰克福却提出了强有力的理由来拒斥这些条件。

情况下，非个人化的视角显然并没有要求我们采取任何行动——比起那些涉及我们所爱之人的情形，这一点在这些情况下甚至会更加明显。当我们为了所爱之人而采取行动时，是那个人的利益为我们的行动提供了理由；同样地，在我设想的这些情况下，当我们追求一些与人无关的兴趣爱好时，促使我们采取行动的是一种在我们自身以外的价值，无论我们是通过认知还是通过想象而相信这样一种价值的存在。我之所以为我正在努力撰写的哲学论文感到痛苦，是因为我想把这篇论文写好；也就是说，是因为我希望我的论证可靠、观点正确、文笔清晰优美。我如此艰辛地完成我的作品，并不是为了我自己——至少不仅仅是为了我自己。当我努力改善我的作品，使其符合某个标准的时候，我既不知道、也不在乎这么做对我来说是不是最好的（即从我自身利益的角度来看是不是最好的），就像我为了让我的女儿过得幸福而投入那么多的精力，但我并不关心这对我来说是不是最好的。我们可能会说,我是"为哲学"而奋斗,而不是为自己而奋斗,但这么说不仅会产生误导作用,而且既晦涩难懂,又显得自命不凡。尽管如此,我认为,在这种情况下,是优秀的哲学作品所具有的价值在驱动和引导我的行为,就像可能是音乐的美或尚待开发的花园有可能展现出来的美,促使大提琴演奏者或园艺爱好者在追求目标的过程中会牺牲安逸,并且会约束自己。

将这些例子中的人说成是一些爱哲学、爱音乐或爱花的人,这么说似乎不会显得不自然,也不会显得牵强附会;比起说他们爱的是自己、道德或其他非个人化的公共利益,说他们爱的是这些东西(即哲学、音乐或者花)不仅可以更好地解释他们的选择和行为,而且也能够更好地为他们的选择和行为提供辩护(或者更严谨地说,能够为这种辩护做出更大的贡献)。因为这些人的动机和深思熟虑的结果与那些出于对个体的爱而采取行动的人是相似的，所以我将使用"爱的理由"这个短语来涵盖这两类情形。因此，我的主张是，爱的理由——无论是爱人类个体或其他生物，还是爱某些活动、理念或其他类型的东西——在我们的生活中具有独特而重要的作用。这些理由并不等同于自利的理由或道德的理由。如果我们既没有意识到，也没有去理解这些理由的正当性（legitimacy）和价值，那么我们就会对我们的价值观以及我们自己产生误解，并且不会去关注那些真正值得关注的事物。

然而，不是所有由爱的理由所驱动和指引的行为都有合理的依据（justified）。并非所有爱的理由都是好的理由。首先，你爱某个东西或某个人并不意味着你就知道哪些事物真的对他们有好处。虽然你可能想要去帮助你所爱的对象，但你的行为却有可能不会使其受益。比如说，你可能会宠坏你的孩子，给你的植物浇水过多，或者对你的哲学风格施加不必要的限制。

更有趣的是，你可能会把爱给予错误的对象，或者你的爱可能会受到别人的误导；你对爱的对象所付出的精力或所给予的关注可能与该对象的价值不匹配。[2]一个出色的女人可能会放弃自己的事业、家庭和友谊，去跟一个其他人都认为"配不上她的"男人在一起，而且还要照顾这个男人。一个容易受周围环境影响的青少年可能会将他的信托基金转让给一个他所迷恋的邪教组织，从而失去了他的经济保障；他本来可以去帮助那些更值得帮助、也更需要帮助的群体，但他现在也失去了这个机会。

因此，我想要捍卫的观点是：有一些由爱的

---

[2] 第一种错误对待爱的理由的方式与我们错误对待"自利的理由"和"道德的理由"的方式会有一些相似之处。我可能认为某件事情符合我自身的利益，但它实际上却是有害的；同理，我可能认为道德允许甚至要求我去做某件事情，但它其实在道德上是错误的。然而，第二种错误对待爱的理由的方式与我们对待"自利的理由"和"道德的理由"的方式似乎就没有相似之处。无论一个人多么在乎自己的利益或多么在乎道德，似乎都不为过。

一、生活中的意义

理由所引导的行动和决定是有合理依据的，也是至关重要的。粗略地说，我想要捍卫这样一个主张：爱某个**值得爱**的对象并且以积极的方式参与跟该对象相关的事情，这样的行动有非常合理的依据，即便它既没有最大限度地提高行动者（agent）本人的福祉水平，也没有给这个世界带来尽可能多的益处（这种益处是以不偏不倚的方式来评估的）。

基于所爱之人的利益而采取行动，既是爱不可或缺的一部分，通常也是表达爱的一种方式。此外，如果某个爱的对象确实值得爱，那么为了该对象的利益而采取行动，就可以有非常直接的合理依据。例如，如果一个人为了自己的利益而采取行动，可以有合理的依据，那么当他为了朋友的利益而采取行动时，难道不是同样也有合理的依据吗？又例如，如果一个人做对全世界更有益的事情，可以有合理的依据，那么当他为了朋友的利益而采取行动时，难道不是同样也有合理的依据吗？除非我们预设理性利己主义或一种非常极端的结果论（consequentialism）是正确的，否则我们没有理由怀疑理性不允许我们基于这些爱的理由而采取行动。尽管如此，我还是想说一些更有分量、对这类理由更有利、也更支持它的话。确切地说，我想要表明，那些容易受这类理由驱动和引导的生活会更加令人向往。我相信，正是因为我们会受到这类理由的驱动和引导，我们才有能力过上有意义的生活。但这么说究竟意味着什么，目前仍然有待进一步说明。

何为有意义的生活

学术界中的哲学家很少讨论有意义的生活。神学家或治疗师，以及那些在某种程度上对自己的生活不满意但又无法确定原因的人，更有可能使用"有意义的生活"这一短语。人们有时候会抱怨自己的生活缺乏意义；他们渴望获得意义，努力寻找意义。此外，人们有时候也会认为别人正在过着非常有意义的生活，从而对别人产生嫉妒之心或羡慕之情。意义通常与某种深层次的东西联系在一起。如果一个人渴望获得意义，这通常意味着他觉得自己的生活过得很空虚或很浅薄。另外，一个人在临终之时或者在他想到自己终有一死的时候，往往也会对意义产生兴趣。当"有意义"这个词用来描述某种生活（或用来描述某种生活所缺乏的东西）时，它会让人联想起**某种东西**，但我们并不清楚这种东西是什么，也不清楚这个词是否在所有情况下都会或想要让人联想起同一种东西。

虽然接下来我会解释"有意义"意味着什么，但我并不打算主张人们一直都在以相同的方式使用这个词，也不打算主张我为"有意义"所提供的解释在所有语境下都可以用来替代这个词。另一方面，我确实相信很多关于意义的讨论都是为了捕捉同一个抽象概念，并且我对这个概念的解释与"有意义"这个词的很多用法都非常匹配。而且无论我对"有意义"的看法是否捕捉到其他人在使用这个词语时所表达的意思,这种看法都具有一定的哲学价值,因为它关注的是一种可以让我们的生活变得美好的重要方式;或者也可以说,它关注的是这样一种价值:我们不仅有充分的理由希望我们自己和我们在乎的人都能够实现这种价值,而且我们既不能把这种价值归入或还原成幸福,也不能将它归入或还原成道德。

根据我想要提倡的意义观,如果一个人爱某些**值得爱**的对象,并且以积极的方式参与跟这些对象相关的事情,那么他的生活就有意义。然而,"爱"和"对象"这两个词在某些方面会产生误导作用,而且很遗憾,"以积极的方式参与"也是含糊不清的;此外,说某些对象(而不是另一些对象)"**值得爱**",也可能会引起争议。但与其通过逐一解释这些词或短语来澄清我的观点,不如让我试着用其他词语来描述我的观点,把我的

一、生活中的意义

要点展示出来。

我的意义观（或者说我正在探究的这种价值）最独特的地方也许在于，它包含了主观要素和客观要素，并且这两种要素以适当的方式产生了密不可分的联系。"爱"至少有一部分是主观的，牵涉到态度和感受。然而，由于我坚持认为那个必不可少的对象必须"值得爱"，所以我的这种意义观又牵涉到客观的标准。为了给某人的生活提供意义，他所爱的对象必须值得爱，这暗示了并非所有对象都值得爱。而且关于某个对象值不值得爱，主体自己所做的判断未必更值得信赖。或许有人会这么来解释我的观点：根据我的观点，当主观的吸引力与具有客观吸引力的事物相遇时，意义就产生了。

从本质上讲，我的观点是：只有当一个人相当深入地在乎某个（或某些）事物的时候，亦即只有当他被某个事物吸引、对它产生兴趣、为它感到兴奋并投入精力的时候，或者用我之前的话来说，当他爱某个事物的时候，他的生活才是有意义的——与这种生活形成鲜明对比的是，一个人对自己所做的大部分甚至全部事情都感到很无聊，或者觉得它们都与自己无关。然而，如果一个人把精力投入到毫无价值的对象或活动上，即便他非常投入，他的生活也不会有意义。假如有人爱抽大麻而且会抽一整天，或者爱玩没完没了的填字游戏，并且他很幸运，能够无拘无束地沉迷于此，但这些活动并不会让他的生活因此变得有意义。最后，这种意义观还明确规定，主体和吸引他的对象之间的关系必须是一种积极主动的关系。说意义牵涉到以积极的方式参与跟爱的对象（同时也是值得爱的对象）相关的事情，这是为了清楚地表明，无论是仅仅被动地承认某个对象或活动的价值，还是仅仅对这种价值形成积极的态度，都不足以让我们的生活变得有意义。我们必须能够与自己所关注的某个有价值的对象建立某种关系：必须能够去创造它、保护它、促进

一、生活中的意义

它、尊重它，或者更广泛地说，能够以某种方式积极主动地支持它。

亚里士多德最广为人知的一点是，他使用了"共识法"来捍卫道德主张和概念主张。他所说的"共识"（endoxa）指的是"那些被每个人或大多数人，或者被有智慧的人所接受的东西"[3]，而这种共识则被他当作探究的起点。如果一种观点能够解释这些共同的信念并为它们提供支持，甚至能够使这些信念相互协调，那么这就是一个对这种观点有利的论证。基于这一理念，我认为可以将我的观点看作是把另外两种更流行的观点结合或融合在一起：这两种观点经常会被人们用来解释生活中的意义，至少会被用来解释美好生活所包含的要素，有时候甚至是**关键**要素。

第一种观点告诉我们，你做的事情本身是什

---

[3] Aristotle, *Topics* 1.1 100b 21—23. 关于共识法的一个精彩讨论，参见 Richard Kraut, "How to Justify Ethical Propositions: Aristotle's Method," in *The Blackwell Guide to Aristotle's "Nicomachean Ethics"* (Oxford: Blackwell, 2006), pp.76—95。

么并不重要，重要的是你要做你热爱的事情。不要仅仅因为某件事情符合别人对你的期待，或者大家一直以来都认为它有价值，或者没有更好的事情发生在你身上，你就习惯于做这件事，甚至被这件事所困住。你要找到你的激情。找到让你兴奋的事情，然后努力去做这些事情。[4]

第二种观点认为，为了过上真正令人满意的生活，我们需要参与到"比自己更大"的事物当中。[5]把"比自己更大"当作是在说我们想要帮助

---

[4] 几年前，在巴诺书店（Barnes & Noble）收银台出售的那些愚蠢的书中，有一本书提倡的就是这种观点。那本书的作者是布拉德利·特雷弗·格雷夫（Bradley Trevor Greive），书名叫作《生活的意义》(*The Meaning of Life*, Kansas City: Andrews McMeel Publishing, 2002)。理查德·泰勒（Richard Taylor）为这种观点提供了一种更严肃、更有启发的辩护，参见 Richard Taylor, *Good and Evil* (New York: Macmillan, 1970), Chapter 18。

[5] 我们经常听到宗教领袖说出类似的话，当然这并不会让人感到惊讶。但除了宗教领袖，还有不少人也是这么说的。例如，彼得·辛格（Peter Singer）就借鉴了这种美好生活观念，参见 *How Are We To Live? Ethics in an Age of Self-interest* (Melbourne: The Text Publishing Company, 1993)。

一、生活中的意义

或参与的那个群体或对象的规模，这可能会产生误导作用，也可能是不恰当的。但把这个说法当作是在以隐喻的方式向我们指出，我们的目标是参与到某种其价值独立于我们自身的事物当中或者为它做出贡献，并不是不合理的。以这种方式来理解，第一种观点（"找到你的激情"）可以理解为是在提倡某种与我支持的意义观所包含的主观要素相类似的东西，而第二种观点（"成为比自己更大的事物的一部分"）则是在敦促我们要满足客观条件。

人们有时候会使用与"意义"相关的词汇来表达这两种更流行的观点，而且我们可以从"意义"这个词的日常用法中找到支持这两种观点的依据。例如，当一个人在反思自己的生活时，他之所以会担忧或抱怨自己的生活缺乏意义，很可能是因为他对主观方面的生活质量感到不满。他觉得自己的生活在主观方面缺少某种益处。他感到自己的生活很空虚。因此，他渴望找到一些事

11

情来填补这种空缺，从而在某种程度上让自己感到充实。

另一方面，当我们在考虑其他人的生活时，我们之所以往往会认为有些生活特别有意义，另一些生活则没那么有意义，很可能是因为我们认为不同的生活具有不同的客观价值。如果我们要为有意义的生活寻找典范，哪些人会出现在我们的脑海里呢？也许是甘地、特蕾莎修女、爱因斯坦或者塞尚。而西西弗把一块大石头推上山，仅仅是为了让石头再次滚下山，并且他注定要没完没了地重复做这件事，因此他的生活是无意义的生活的一个典型例子。我们之所以选择这些例子，似乎依据的是这些人的活动所具有的价值（或所缺乏的价值），而不是他们在主观方面的内在生活质量。

由于我所倡导的意义观把这两种流行的观点结合在一起，就此而言，它可以看作是对这两种观点的部分肯定。在我看来，这两种观点都有一

一、生活中的意义

些正确的地方，但也都遗漏了一些关键的东西。

为什么我们要相信这些观点中的某一种呢？这个问题实际上是模棱两可的。它可以理解为是在追问："为什么我们要相信这些观点中的某一种对'有意义的生活'这个短语提供了正确的解释？"按照这种理解方式，这个问题似乎是在探究：当人们讨论的是"生活中的意义"（而不是"语言中的意义"）这样的话题时，我们正在考虑的这些观点当中，是否有一种观点捕捉到某种属性、某个特征或某组条件，从而与人们在日常交流中对"有意义"一词的大多数用法相吻合。为了回答这个问题，我们需要考察人们在日常交流中是如何使用这个词的；也就是说，我们需要考察：在什么样的情况下，会出现与意义相关的问题？在人们的生活中，意义的存在是为了消除什么样的担忧？以及人们普遍认为什么样的生活是有意义的生活的典范，而什么样的生活则是无意义的生活的典范？然而，我在前面已经提

· 25 ·

到，我怀疑当人们自然而然地讨论有意义（和无意义）的生活时，他们在不同的语境中诉诸的未必是同一个可被清晰界定的概念。无论如何，比如何使用"意义"一词更重要的问题是，美好的生活应该包含哪些要素。毕竟，当治疗师、牧师和励志演说家告诉你要么就去"找到你的激情"，要么就去"为某种比自己更大的事物做贡献"的时候，他们是在提供关于如何生活的建议。因此，比起追问"这些观点中哪一种（如果有的话）为'有意义'这个概念提供了可信的解释"，更重要的是追问"既然一种充分成功、健全的（flourishing）美好生活包含了某些独特的关键要素，那么这些观点中哪一种（如果有的话）找到了这些要素"。

然而，要把概念问题和规范问题分开，仍然是一件很困难的事情。当别人强烈建议我们要找到自己的激情，或者要为比自己更大的事物做出贡献的时候，他们往往是想要回应一系列的担

一、生活中的意义

忧，这些担忧会比"一个人应该如何生活?"这个宽泛的问题所表达的担忧更加具体。如果我们不知道这些担忧是什么，就无法正确地解释他们的建议，更无法正确地评估这些建议；而如果我们不在探讨的过程中（至少偶尔）使用"有意义"这个词，那么就很难唤起那些与我们的反思相关的直觉，也很难捕捉到相关的观念和感受。在此之前，我已经指出：我们意识到有某种价值既不能还原成幸福，也不能还原成道德，而且人们只有通过爱某些值得爱的对象并且以积极的方式参与跟这些对象相关的事情，才能够实现这种价值。我把自己的这种观点当作是这些更流行的建议的改进版本或替代方案；而为了表达我的这种观点，最简单的一种方式是把我所说的那种价值与"有意义"这种价值等同起来。我希望这样做不会造成任何危害。只要我们敏锐地觉察到，在探究"应该追求什么样的生活目标"这一问题时，可以把"应该如何理解和应用'有意义'一词"这个问题给过滤掉,我们就能够小心翼翼地确保我们没有回避实质性的问题。

充实论

现在让我们把注意力转向我提到的第一种流行观点,这种观点强调了主观的要素,它强烈建议每个人都要找到自己的激情并追随这种激情。我们很容易理解为什么有些人会支持这个建议,以及他们为什么会相信,追随自己的激情给我们的生活带来了某种深远而独特的好处。因为按照我的理解,这个建议建立在这样一个颇有说服力的经验假设之上:做自己热爱的事情,参与自己真正在乎的事情,会给我们带来一种独特的快乐,这种快乐是我们无法通过其他方式获得的。因此,之所以应当找到自己的激情并追随这种激情,是因为这么做会给我们的生活带来一种特殊的美好感受。此外,这种美好感受的独特性使得

一、生活中的意义

我们能够看到，那种会给人们带来这种美好感受的生活是如何与"有意义"联系在一起的，以及为什么有些人会因此认为要过有意义的生活，就要去追随自己的激情。

一个人在做自己热爱的事情时，或者在从事让自己着迷或兴奋的活动时，他会有某种独特的感受，让我们把这种感受称为"充实感"（feelings of fulfillment）。这种感受与无聊和疏离（alienation）感这些非常糟糕的感受是截然不同的。尽管充实感毫无疑问是一种美好的感受，但还有许多其他美好的感受与充实感无关，或许将它们归入"快乐"（pleasures）这一范畴会更加合适。坐过山车、遇见电影明星、吃热软糖圣代、发现一件非常好的衣服在打折，这些事情都可以给人带来快乐，甚至是强烈的快乐。然而，它们不太可能让人感到充实，而且我们不难想象，即便某个人有很多机会享受这种快乐，他也可能会发现他的生活（在主观方面）缺少了某种东西。

此外，一个人的生活是充实的，并不意味着他的生活就一定幸福（这里是在传统意义上使用"幸福"这个词的）。许多吸引我们或让我们感兴趣的事情——比如写一本书、训练三项全能运动、竞选政治候选人，以及照顾生病的朋友——很有可能会给我们带来痛苦、失望和压力。

充实感只是一种积极的感受，它有可能会跟其他类型的积极感受相冲突：如果你把时间、精力和金钱等东西花在能让你感到充实的事情上，那么你用来从事那些"仅仅"有趣的活动的资源就必然会减少。把这样一个事实记在心里，对稍后的讨论可能会有帮助。此外，既然充实感的来源同时也是焦虑和痛苦的来源，那么至少从快乐主义的（hedonistic）角度来看，一个人从追求这些让他感到充实的事情中所获得的快乐，可能就会受到那些相伴而生的消极感受的限制，或者会被它们抵消掉。尽管如此，大多数人还是愿意为了追随自己的激情而忍受巨大的压力和焦虑，以及承担受伤的风险；这个事实可以看作是在支持这样一种观点，即充实感确实是我们生活中一种独特且至关重要的益处。当第一种流行观点强烈建议我们"要找到自己的激情并追随这些激情"时，只要它是在表达上述这种观点，我们就还有很多东西可以说。从现在开始，我将把这种观点称为"充实论"。

由于充实感与其他类型的美好感受不同，而且有时还会跟它们产生冲突（这些美好感受通常和"幸福""快乐"等词汇联系在一起），所以把充实论当作是在解释什么东西给我们的生活提供了意义，看起来是有道理的。尽管有些人有很好的工作，有爱意满满的家庭，也有健康的身体，但他们仍然觉得自己的生活缺少了某种东西，并为此感到困惑不解。对这些人而言，充实论提供了某种答案来解答他们的困惑。而对于那些正在决定该从事什么职业的人而言，或者更广泛地说，对于那些正在决定该如何安排自己的生活的人而言，充实论会建议他们不要目光太狭窄，不要只关注安逸、声望和物质财富这些肤浅的目标。然而，正如我所解释的那样，充实论实际上是一种快乐主义，因为它认为，我们如何过上尽可能最美好的生活（同时也是有意义的生活），这个问题完全取决于我们的生活如何获得那些最优质的感受特征。按照这种观点，积极的体验是唯一重要的东西。[6]

正是基于这个理由，在我看来，这种观点是不充分的。如果确实如充实论所说的那样，只有主观方面的生活质量才是唯一重要的东西，那么我们在评估各种可能生活的时候，就没必要关注主观方面的生活质量是由哪些活动产生的。如果找到自己的激情并追随这些激情，仅仅是为了感

---

[6] 充实论可以看作是密尔（J. S. Mill）观点的一个合理扩展；密尔认为，开明的快乐主义者在构想尽可能最美好的生活时，除了要考虑快乐在数量方面的不同，还必须考虑快乐在质量（quality）方面的差异。

一、生活中的意义

到充实，也就是说，仅仅是为了获得和保持充实的**感受**，那么一个人会对什么样的活动或对象充满激情，就完全不重要了。然而，假设有多种令人感到同样充实的生活，但它们的充实感是由完全不同类型的事情引起的。一旦对这样一些生活进行思考，我们可能就会怀疑我们是否真的可以接受充实论。

想象一下有这么一个人，他的生活被某些活动所支配，尽管大多数人往往会说这些活动毫无价值，但这些活动却仍然给他带来了充实感。在此之前，我曾举过这样一些例子：有个人只喜欢整天抽大麻，而另一个人（也可以是同一个人）则因为做填字游戏而感到充实，或者更糟糕（从我个人的经历来看），他因为玩数独游戏而感到充实。我们还可以设想一些更离奇的例子：比如有个人活着就是为了把《战争与和平》抄一遍；或者有一个把金鱼当作宠物的女人，她的整个世界都围绕着她对那条金鱼的爱而打转。我们是否认为，从自利的角度来看，这些人的生活已经尽可能地达到了最美好的状态？——或许应该加上这么一些前提：他们的情感和价值观都很稳定，以及那条金鱼不会死。

也许大家一开始并不会以相同的方式来回答这些问题，有些人甚至不知道该怎么思考这些问题。我认为，在某种程度上，这是因为我们不愿意对别人的生活做出负面的评价，即便是对那些想象出来的人物也是如此——因为这些虚构人物被构造得足够逼真，可以当作是真实人物的替身。尤其是，如果当事人对自己的生活做出了正面的评价，那么我们就更不愿意对他的生活做出负面的评价。为了避免这个问题，接下来我将通过思考一个具有更明显的哲学风格的例子来探究这些问题，这个例子就是"充实的西西弗"案例。

通常认为，在古代神话中，西西弗受到惩罚之后所过的那种生活是很可怕的。他被罚去做一项无聊、艰难而又毫无用处的工作，而且必须永远这么做下去。因此，大家通常会把西西弗的生活（或者更确切地说，他死后的生活）当作是无意义的生活的典范。[7]

然而，哲学家理查德·泰勒在讨论生活的荒诞（absurdity）时，提出了一个思想实验。根据这个思想实验，众神由于怜悯西西弗，于是在他的血管中注入一种物质，使得他性情大变：原来推石头对他来说仅仅是一件痛苦、艰辛、令人厌烦的苦差事，现在他对推石头的热爱却胜过（死后）世界上的其他事情。[8]推石头就是改造后的西西弗最想做的事。换句话说，推石头让他感到充实。现在西西弗已经找到了他的激情（也许应该说，是他的激情找到了他），他正在追随自己的激情，从而对自己的生活感到满足。问题是，

---

[7] See especially Albert Camus, *The Myth of Sisyphus and Other Essays* (New York: Alfred A. Knopf, 1955).

[8] See Taylor, *Good and Evil* (n. 4, above).

生活中的意义

我们该如何看待他呢？他的生活是否已经从一种可怕的不幸生活转变为一种非常美好的生活？泰勒认为确实已经转变了，但有些人可能会不同意他的观点。

正如我已经指出的，西西弗的生活之所以通常被认为是一种无意义的生活的典范，是因为他被罚去做一项无聊、艰难而又毫无用处的工作，而且永远都得这么做下去。在泰勒改动后的例子中，西西弗的工作不再是一项无聊的工作——也就是说，对西西弗来说不再是一项无聊的工作。但他的工作依然没有任何用处。他的努力毫无价值，并没有带来任何成果。即使由于神的干预，西西弗开始享受他的活动，甚至感到充实，他所做的事情毫无意义这一点也没有改变。

因此，许多人会觉得西西弗的处境远远不足以令人羡慕。尽管他对自己的生活感到充实，但他的生活似乎缺少了某种令人向往的东西。我们可以假定，西西弗的生活从内部的角度来看已经尽可能地达到了最好的状态。由此可见，他的生活缺少的并不是某种主观方面的东西。既然如此，我们就必须寻找某个客观的特征来描述他的生活到底缺少了什么。我在前面提到了第二种流行的观点，该观点说出（或至少暗示）了一个可能符合要求的特征。

超越自我论与二分论

第二种观点告诉我们，为了过上最美好的生活，我们需要参与到"比自己更大"的事物当中，或者需要为这种事物做出贡献。然而，对西西弗案例的思考应该足以让我们看到，"更大"这个词必须从隐喻的角度来理解。毕竟，我们可以把西西弗不断推上山的那块石头想象得非常大。因此，我们可能更愿意把这种观点解读为是在建议我们要参与到比自己**更重要**的事物当中；换句话说，这种事物不是在规模上，而是在价值上比我们更大。然而，如果这个建议要被当作有意义的生活的标准，那我同样也倾向于反对这种解读。首先，如果我们假定每个人的生命都具有相同的价值，那么这似乎就意味着，当一个人致力于照顾另一个人时，比如照顾一个残障的伴侣、体弱多病的父亲或母亲，或者一个有特殊需求的孩子，他的生活不可能是一种有意义的生活。因为那个受到照顾的人的价值大概只是等于而不是大于那个承担照顾工作的人的价值。而当有些人的目标主要不是为了让某个人或多个人受益时，我们要用这种观点来评估这些人的计划或活动，就会显得更加困难重重。一条狗估计不会比一个人更重要，但两条狗或六条狗呢？此外，还有些人根本就没有打算直接去促进任何人的福祉，这种观点又该如何评价这些人的计划或活动呢？哲学、诗歌或篮球在价值上会"比自己更大"吗？我们很难确切知道这个问题究竟在问什么。

第二种观点把"有意义"与"参与到比自己

一、生活中的意义

更大的事物当中"联系在一起,对此还有另外一种更有说服力的解读,这种解读就没那么认真对待关于规模的隐喻。按照这种解读,第二种观点的重点并不是建议一个人要参与到比他自己更大的事物当中,而是要参与到他自身**以外**的事物当中;也就是说,这种事物的价值不是由他自己来决定的,而是来自某种在他自身**以外**的其他事物。像西西弗那样推石头,似乎就缺乏这种价值;抽大麻或玩数独游戏看起来同样也是如此。但是致力于改善某个有需要的人的生活质量,就像致力于改善一群人的生活质量一样,确实满足这个条件。此外,做哲学和打篮球似乎也符合这个标准,因为这些活动的价值,无论是什么样的价值,都不是由参与者自身对这些活动的偶然兴趣来决定的。

如果我们以这种方式来解读"要参与到'比自己更大的事物'当中",那么就可以把这个建议当作给一种充分成功、健全的生活指出了第二个独立的标准。有人可能会认为，将这个建议与充实论结合起来，就能产生一种二分论的（bipartite）意义观，并且这种意义观要比单独采纳其中任何一种观点更好。有意义的生活必须包含某个主观要素，因此充实论把我们的注意力引到了主观要素上。但正如"充实的西西弗"这个例子所表明的，即便某个人的生活完全满足主观条件，可如果他的生活在客观方面并没有与任何一种其价值在他自身以外的事物产生关联，那么我们也不愿意把他的生活视为有意义的生活。通过将充实论与"要参与到'比自己更大'的事物当中"这一劝告结合起来，我们似乎得到了一个可以解决问题的方案。根据这种二分论的观点，为了让生活有意义，我们必须同时满足一个客观条件和一个主观条件；也就是说，有意义的生活是这样的生活：(a) 主体会感到充实；(b) 主体与某种事物形成一种积极的关联或者为它做出贡献，并且该事物的价值来自主体以外的其他事物。

一、生活中的意义

然而，如果将"有意义"理解为一个连贯的价值维度，并且比"自我利益"这个宽泛的范畴更加具体，或者说比"生活中所有令人向往的事物"这个更宽泛的范畴更加具体，那么"有意义"最终取决于满足两个不相关的条件，就会令人感到困惑。我所提倡的观点则把意义当作一个条件，其中主观要素与客观要素恰当地联系在一起；也就是说，我的观点会以一种更统一的方式来理解意义。根据我的意义观，主观要素和客观要素恰当地结合在一起，共同构成一个我们的生活可能会具备的连贯特征。此外，如果我们确实把二分论对"有意义"所提出来的两个条件当作是两个分开的标准，那么我们就不清楚这两个条件是否真的会让我们的生活变得更美好。[9]

再考虑一下这个观点：如果有某个人为比他

---

[9] 感谢切希尔·卡尔霍恩（Cheshire Calhoun）促使我去思考，我的意义观的主观条件和客观条件之间的联系为什么如此重要。

自己更大的事物做出了贡献（按照恰当的解读），而另一个人则仅仅致力于满足他自己的需求和欲望，那么第一个人的生活会比第二个人的生活更加有意义。我在前面提到这个观点，是为了回答这样一个问题：像"充实的西西弗"（或者那个抽大麻或玩数独游戏的人）那样的生活缺少了什么令人向往的特征，从而导致我们不会希望我们自己或我们所爱的人去过那样的生活。我们可以给这些例子添加一些规定，以确保主人公的生活和活动确实为某些独立的价值做出了贡献。然而，如果他们对自己所参与的那种外部价值（或者说客观价值或独立价值）没有兴趣，那我们就不清楚这种参与对他们来说会不会让他们的生活变得更美好（或更令人向往）。例如，想象一下，有一群秃鹰本来要去攻击附近的某个社群，在该社群制造恐慌以及传播疾病，但西西弗推动石头的时候却把这群秃鹰吓跑了，只不过他对此毫不知情。或者想象一下，那个抽大麻的人隔壁住了

一、生活中的意义

一个艾滋病患者，他吐出来的大麻烟雾恰好减轻了这个患者的痛苦。如果西西弗和那个抽大麻的人并不在乎他们的生活给别人带来了这些好处，那么我们就很难理解为什么在得知他们的生活带来这些好处之前，也就是说，在得知他们为比他们自己更大的事物做出贡献之前，我们倾向于认为他们的生活没有意义（或不令人向往），但在得知这一事实之后，我们就应当倾向于认为他们的生活有意义（或令人向往）?

即使有些人以一种没那么偶然的方式参与到"更大的"事物当中，可如果他们没有和那些使这种参与变得有价值的人、东西或活动在情感上形成积极密切的联系，那么这种参与最多也只能给他们自己的生活质量带来很小的改善。例如，考虑一下某些失去自我的家庭主妇、被迫应征入伍的军人和流水线上的工人，虽然他们做的是有价值的工作，但他们并不认同自己所做的事情，或者说不会为自己所做的事情感到自豪。他们也许知道自己所做的事情是有价值的,但他们却仍然有理由认为自己的生活缺少了某种东西,而这种东西或许就是所谓的"意义"。

无论如何,在我看来,当别人建议我们要参与到比自己更大的事物当中时,他会希望(或者说期待)如果我们真的去参与,那么这会给我们带来一些美好的感受。这里背后的想法是:如果我们尝试去参与,我们就会喜欢这种参与;而我们之所以会喜欢它,部分原因是我们意识到自己在参与跟某个有独立价值的人、物品或者活动相关的事情。[10]因此,当别人建议我们要参与到比自己更大的事物当中,从而能够在生活中获得意义时,为了最善意地解读这个建议,我们就不

---

[10] 这一点有时候也起不了作用。正如许多初中和高中项目一样,犹太教成人礼的标准要求之一是,参加成人礼培训的小孩要花一定的时间从事社区服务。而这种服务会在多大程度上给参与的小孩带来令人满意的体验、持久的认同感,或者增强他们的社会服务意识,对不同的小孩来说,差异会非常大;当然,我们并不会对此感到意外。

应该孤立地看待它。我们不应该认为这个建议为"有意义"提出了一个独立的标准,它不需要考虑主体对他所参与的计划或活动的态度。如果一个人参与到比自己更大的事物当中——或者正如我所解释的那样,参与到某种其价值(在一定程度上)不取决于自己的事物当中——那么幸运的话,他会发现这种参与令人感到充实;而如果这种参与确实令他感到充实,那么他的生活看起来就是一种有意义的生活,事实上也确实如此。然而,如果这种参与没有给他带来这样的回报,那么我们就不清楚这种参与会不会给他的生活带来意义。

为了让这个有时候会与意义相关的客观条件(即一个人参与到比自己更大的事物当中)看起来更加可信,我们最好认为,主体会对这种参与形成积极的主观态度,而这个客观条件是与这种主观态度一起共同发挥作用的。同理,在我看来,当我们把主观条件(即一个人的生活方式会让他自己感到充实）和客观的限制条件结合在一起时，主观条件看起来也会更加可信。我刚刚提到，当别人建议你要参与到比自己更大的事物当中时，他背后隐藏了这样一种希望（或者说期待）：你将发现这种参与在主观上是有益的。类似地，当别人建议你要找到你的激情并追随这种激情时，他背后似乎也隐藏了这样一种希望（或者说期待）：你所寻找的那种激情——那种追随它会让你感到充实的激情——将是一种可被理解的激情，它不会超出某些合理的范围。你并不会对推石头、玩数独游戏、照顾金鱼或抄写《战争与和平》充满激情（至少不会持续很久）。

之前在讨论"充实的西西弗"案例的时候，我说过我并不认可理查德·泰勒的观点，而认可的是另一些人的观点：他们认为，尽管西西弗在主观上感到相当满足，但他的生活依然缺少了某种令人向往的东西。然而，现在我要指出的是，我和泰勒之间还有更尖锐的分歧。具体来说，有

一、生活中的意义

些人可能想要知道，当西西弗的生活从一种不幸福、无聊、沮丧的生活转变成一种幸福充实的生活时，这种转变是否真的让他过得更好？有些人可能会认为，这实际上让他的境况变得更糟糕了。

当然，从快乐主义的角度来看，西西弗的转变肯定会让他的生活变得更美好，因为他的生活只有主观方面发生了变化。他那些消极的感受和态度都被积极的所取代了。然而，从非快乐主义的角度来看，这些变化是有代价的。当我试图去理解改造后的西西弗的精神状况时，也就是说，当我试图去想象有人对推石头感到充实的时候，我只能想到两种可能性：一方面，西西弗血管里的物质可能会让他产生幻觉，从而导致他在推石头的过程中看到了一些实际上并不存在的东西。另一方面，他血管里的药物可能会降低他的智力和想象力，从而导致他无法感知到自己的工作是枯燥的，而且毫无用处；或者说，导致他无法将他的工作与其他更具挑战性或更值得做的事情进行比较——如果他没有受到神的惩罚，他可能就会去做其他这些事情。不管是哪种情况，西西弗至少在一个方面比改造前更糟糕了：他要么是受到精神疾病或幻觉的干扰，要么就是智力下降了。

把所有因素都考虑在内的话，西西弗的转变是让他过得更好还是更糟糕呢？人们对这个问题可能会有不同的看法。密尔曾经主张，做一个不满足的人要比做一头满足的猪更好。那些非常认可密尔这个主张的人可能会认为，不管西西弗原来的命运有多么糟糕，改造后的西西弗的命运只会更糟糕。其他人则可能会主张，既然西西弗无论如何都注定要去推石头，那么他为自己的命运感到幸福，或者更确切地说，他对自己的命运感到充实，对他来说就是最好的。然而，即便有些人确实认为做一个幸福的西西弗要比做一个不幸福的西西弗更好，他们可能也会同意这个观点：如果能不做西西弗的话，那会更好。

在前面提到的第一种情况中，改造后的西西

弗产生了幻觉。对我来说，这种情况比第二种情况看起来能够更合理地解释为什么西西弗会对推石头感到充实。因为在我看来，"充实感"包含了一种认知成分，主体需要看到其充实感的来源（或对象）在某种独立的意义上是好的或有价值的。即便是那些很强烈的快乐——比如在一个极好的天气躺在沙滩上，或者吃一个熟得刚刚好的桃子——我们通常也不会把它们当作充实感。发现某个东西令人感到充实更像是发现这个东西经过某种描述之后，我们可以说它（在客观上）是好的。[11]

---

[11] 虽然斯蒂芬·达沃尔（Stephen Darwall）没有使用"充实"和"有意义"这些词汇，但他提到如果"我们与某种有价值的东西联结在一起，并且因此能够直接理解自身活动的价值"，那么这种体验会为我们的福祉做出深远的贡献，参见 *Welfare and Rational Care* (Princeton: Princeton University Press, 2002), p.95。我认为他所说的这种体验与我所描述的充实的体验差不多是一样的。在讨论这种体验的时候，达沃尔为"理解自身活动的价值"提供了一种避免过度理智化、特别出色的描述。而他在第四章中对人类福祉的阐述与我在这里对有意义的生活的描述也有很多共同之处。

然而，想象西西弗处在这两种情况中的某一种，可以帮助我们解释为什么我们不愿意认为"充实的西西弗"的生活是有意义的；类似地，我认为，这种想象也可以帮助我们解释为什么我们会认为，即便那个抽大麻的人、爱养金鱼的人或喜欢抄写托尔斯泰作品的人对自己的生活感到充实，他们的生活也不是有意义的生活。无论如何，想象这些人物处在这两种情况中的某一种，都将有助于解释为什么我们会认为他们的生活远远谈不上是理想的生活。在此之前，我曾指出，我们可能会认为这些生活"缺少了某种东西"，这个短语暗示了这些生活缺少某种可与充实感分离的特征，从而导致它们没有达到最有意义的状态（如果它们算有意义的话）。根据我们的讨论，现在我们可以看到，虽然这些生活看起来确实满足有意义的生活的某个条件（即感到充实），但这个条件在某种程度是有缺陷的，而且也不如那种具有更合适或更恰当来源的充实感那么令人向往。

捍卫适宜充实论

我在前面曾经提到过，假设别人说"只要一个人为比他自己更大的事物做出了贡献，他的生活就有意义"，为了最善意地解读这个建议，我们不应把它当作一个孤立的客观标准；相反，我们应该认为这个建议是跟这样一种期待一起发挥作用的：为更大的事物做贡献会让主体形成某些积极的主观感受和态度。类似地，假设别人说"只要一个人找到自己的激情并跟随这种激情（从而感到充实），他的生活就有意义"，我们最好也不要把这个建议当作一个单独发挥作用的主观标准；相反，我们应该认为这个主观标准是跟这样一种假设一起发挥作用的：主体为之产生激情的那个对象会落在一定的客观范围内。

在本次演讲的开头，我提出了一种意义观，

该观点把这两个标准结合在一起。你可能还会记得,这种意义观认为,想要过上有意义的生活,我们需要热爱某个(或某些)值得爱的事物,并且能够以积极的方式参与跟它(或它们)相关的事情。正如我在其他地方说过的,当我们积极参与一些值得参与的计划时,我们的生活就有意义。[12] 根据这种意义观,如果我们的主观吸引力与某种具有客观吸引力的事物相遇,而且我们还能够为该事物(或者和它一起)做点什么,那么我们的生活就有意义。

如前所述,有一种流行的观点认为,当一个

---

[12] See Susan Wolf, "The Meanings of Lives," in *Introduction to Philosophy: Classical and Contemporary Readings*, eds. John Perry, Michael Bratman, and John Martin Fischer (New York: Oxford University Press, 2007), pp.62—73; and Susan Wolf, "Meaningful Lives in a Meaningless World," *Quaestiones Infinitae* 19 (June 1997), publication of the Department of Philosophy, Utrecht University, pp.1—22. 这个表述未能像其他表述那样强调爱(或者说激情或认同)的必要性。

人找到自己的激情并追随这种激情时，他的生活就有意义。我们可以把这种观点当作以某种方式强调了爱（或主观吸引力）在有意义的生活中所发挥的作用。此外，还有另外一种我们同样也很熟悉的观点，该观点则把意义与"参与到比自己更大的事物当中或者为它做出贡献"联系在一起。类似地，我们可以把这种观点当作在强调客观价值的作用。因此，"共识法"会支持我所提倡的这种意义观。它会支持这样一种看法：当人们讨论有意义的生活时，他们通常想到的东西跟我所识别的东西大致是相同的。不仅如此，"共识法"还会支持这样一种观点：人们会认为我所识别的特征在某种程度上是令人向往的；也就是说，他们会认为——也许说"他们会觉得"好一些——我所识别的特征满足了人类的某种需求。不过，问题依然没有解决：为什么人们会认为或觉得这样一种特征令人向往呢？当一个人爱某些值得爱的对象，并且能够主动以积极的方式参与跟这些对象相关的事情时，这件事如果真的有价值的话，到底是哪些地方有价值呢，或者说哪些地方有独特的价值呢？我的意义观除了会得到共识法的支持，还有另外一个优势，那就是它所识别的特征可以为这个问题提供一个可理解且有说服力的答案。

正如我们已经看到的，当一个人能够主动参与自己热爱的事情时，换句话说，当他能够尽情地投入到自己的激情当中的时候，他会获得一种特别有益的主观体验，或者也可以说，他会获得一种高质量的快乐。跟充实论一样，"适宜充实论"（the Fitting Fulfillment View，目前我没有找到更好的名字）同样也识别出这样一个特征：如果某个人的生活具备这个特征，那么该特征就会给他带来这种显而易见的好处。然而，根据适宜充实论，充实的状态或者说充实的体验本身并没有独特的价值。更确切地说，真正有价值的事物是：当某个人所热爱的计划具有某种客观价值时，他主动参与这些计划并因此感到充实。根据这种观点,一个人去做自己热爱的事情,这本身并不足以构成一件有价值的事。他所热爱的事情必须在某种独立的意义上是有价值的。为什么这一点对我们来说会很重要?如果我们的生活具备这个特征就可以满足某种人类需求,那么这种需求又是什么呢?

我认为,至少有一部分答案跟这样一种需求相关(如果这不能算作一种需求的话,那起码可以算作一种兴趣或关切):人们需要从某种自身以外的视角,看到自己的生活是有价值的。为了更好地理解这种需求,我们可以看一看它与我们在别的语境中所熟悉的其他人类心理特征之间的联系。这么做或许还能让那些怀疑这种需求不存在的人消除他们的疑虑。

哲学家长期以来都对某些人类心理特征感兴趣,其中有一个特征已经被托马斯·内格尔(Thomas Nagel)重点讨论过了,那就是人类有能力从一种外部的视角来看待（或试图看待）自身，而且他们实际上往往也会这么做。[13] 人类有一种倾向，他们渴望不带偏见地看待所有事物（包括他们自身），以及渴望从一种超然的（detached）视角来观察他们的生活。他们渴望获得某种客观性。内格尔将此描述为人类渴望采取一种"没有来源的视角"（"view from nowhere"）；其他人则用"上帝视角"这种说法来讨论人类的这个特征。

此外，人类还需要有良好的自我评价，他们需要有自尊心。如果一个人倾向于从一种外部的视角来考虑自己，就好像从自身以外来看待自己一样，那么他自然而然会产生这样一个愿望：他希望从那个视角来看，能够看到自己以及自己的生活是好的、是有价值的，并且是值得自豪的。

然而，我认为这种愿望之所以那么强烈，以

---

[13] See especially Thomas Nagel, *The View from Nowhere* (New York: Oxford University Press, 1986).

一、生活中的意义

及它所伴随的感受之所以特别沉重，是因为它还牵涉到另外一些东西，这些东西既跟我们的社会属性，也跟我们不想让自己孤单这样一种需求或愿望相关。

当一个人想到自己终有一死或者自己在宇宙中的渺小时，如果他认真思考这些事情，那么他可能就会产生我正在探讨的那些感受。有些人觉得自己的生活就像泡沫一样，一旦破裂就会消失得无影无踪，他们会因此感到绝望。还有一些人一想到自己生活在一个没有感情色彩的宇宙中，就会不寒而栗。如果这些人提醒自己，他们主动参与了某些具有独立价值的计划并且在一定程度上取得了成功（假定这是事实），那么这些感受或许可以得到缓解。当一个人把一部分时间用来维护、促进或创造某种价值，并且该价值的来源在他自身以外时，从其他人的视角来看，包括从我们想象出来的一个不偏不倚且不带感情色彩的观察者的视角来看，他确实做了一些可被理解乃至值得赞赏或钦佩的事情。[14]

由此可见，当我们对人类的状况进行反思的时候，适宜充实论所关注的特征不仅可以影响我们对这种反思的反应，而且它甚至可以给那些因为我们的微不足道而感到痛苦的人提供一些安慰。这些事实意味着我们有更充分的理由认为，把适宜充实论所关注的特征等同于"有意义"是有道理的，因为这些事实已经表明，有意义的生活跟"生活的意义"（the meaning of life）这一古老的哲学话题相关，并不仅仅是一种巧合。

然而，即便我们对人类的状况并没有太多的了解，我们也会渴望过得充实，并且在看到人们

---

[14] 当然，我们无法保证这种想法就一定会缓解这些感受。很多人一想到自己仅仅是浩瀚宇宙中的微粒，就会心生不安。也就是说，他们之所以感到不安，是因为觉得自己太渺小，无法产生巨大而持久的影响。但我在这里是要提醒他们留意自己对宇宙的贡献的质量，而不是数量。因此，我并没有直接讨论他们的这种担忧。这些人只能想办法克服这种担忧，因为他们的欲望是无法满足的。对这个话题的进一步讨论，参见 Susan Wolf, "The Meanings of Lives" (fn 12, above)。

一、生活中的意义

参与某些适合感到充实的计划时，也会对他们感到钦佩。甚至当我们没有在考虑我们与宇宙之间的关系时，可能也会想去做一些不只对**我们自己**有价值的事情，而且这种想法并不是不理智的。事实上，虽然我们从来没有明确说过我们希望自己的生活与某种具有独立价值的东西产生关联，但我们可能隐隐约约觉得自己的生活确实与某种具有独立价值的东西有联系，而这种**感觉**也会对我们的体验的质量产生影响。当我觉得自己在从事某种具有独立价值的活动，或者说在参与某种会让我脱离自我的活动时，这种感觉对我来说相当令人兴奋。为什么会这样呢？同样地，看起来至少有一部分原因跟我们的社会属性，以及跟我们不想让自己孤单这样一种欲望相关。如果我们参与了一些具有独立价值的计划——比如反抗不正义的现象、保护历史建筑以及写诗——那么别人大概也能够欣赏我们所做的事情。事实上，别人确实可能会欣赏我们所做的事情，或者他们至

生活中的意义

少会欣赏那些驱使我们采取行动的价值。这会让我们觉得自己至少是某个概念社群（notional community）的一部分，在某种程度上跟别人共享着相同的价值观以及同一种视角。然而，即便没有人知道我们在做什么，或者没有人欣赏我们所做的事情，"我们做的是一些值得做的事情"这个想法对我们来说也是至关重要的。那些被别人蔑视的艺术家或那些孤独的发明家（即那些其研究似乎没有得到任何人认可的科学家），之所以还会继续坚持创作或发明，可能就是因为他们认为自己的工作有价值，而且将来有一天他们的工作会得到别人的理解和重视。[15]

---

[15] 我在前面提议过，我们应该把"要参与到'比自己更大'的事物当中"这样一种流行的观点解读为是在建议一个人要参与到某种在他自身以外的价值当中。我认为，我在这里所说的话会让这种解读看起来更有说服力。我的想法是：这样一种价值在隐喻的意义上就存在于公共领域之中——它对其他人是开放的，因此这可以使某个人成为一个比自己更大的社群的成员，至少是潜在的成员。

一、生活中的意义

虽然我已经指出，当我们跟某种其价值不完全取决于我们自己的事物保持积极的联系时，这种生活之所以令人向往，跟我们的社会性（sociability）有关，但上述最后这些例子表明，这种联系可能只是一种间接的联系，甚至可能只是一种隐喻意义上的联系。出于各种原因，有些人无法（或不希望）生活在他人周围，或者无法（或不希望）与他人亲密接触，但这些人仍然可能过着充实而有意义的生活。例如，尽管有些艺术家对后代只有模糊的概念，但他们的艺术却是为后代而创作的。反过来说，对有些人而言，获得同时代人的支持、认可和钦佩既不足以让他们对自己所做的事情感到充实，也不足以让他们觉得自己的生活有意义。

有些人可能会怀疑，我所讨论的这些兴趣只是中产阶级的兴趣，通常只有来自某个地方、年代和社会阶层的人才会关注这些兴趣。另一些人也许还会认为，只有那些智力超群或极其善于反思的人才会关注这些兴趣，而这类人的数量就更少了。如果一个人为了让自己和家人不会挨饿受冻以及免受病痛的折磨，而不得不苦苦挣扎，那么对他来说，关注自己有没有参与一些具有独立价值的计划，似乎就显得很奢侈。然而，虽然只有当一个人满足更基本的需求之后，他才会对有意义的生活感兴趣，但这并不意味着有意义的生活就不重要。而且在我看来，即便一个人并没有有意识地说过，他想要确保某些与他的生活息息相关的计划或事物具有独立价值，这也不足以证明它们是否具有独立价值就与他无关。在讨论什么样的生活令人向往的时候，伯纳德·威廉斯（Bernard Williams）曾经这么写道："如果有人从来都没有追问过这个问题，那么他的生活就是这个问题目前最好的答案。"[16] 同样地，我认为，也

---

[16] Bernard Williams, "The Makropulos Case: Reflections on the Tedium of Immortality," in *Problems of the Self* (Cambridge: Cambridge University Press, 1973), p.87.

许有人从来都不需要去思考何为有意义的生活，但他的生活仍然有意义。如果一个人主动参与有价值的计划，那么他可能就会从这些计划中获得回报，从而改善他的生活，即使他自己并没有意识到这一点。

因此，在我看来，虽然我所讨论的这些兴趣并不会引起所有人的关注，但它们至少广泛地分布在世界的每一个角落——重申一下，这里所讨论的兴趣指的是我们想要能够从某种自身以外的视角看到自己的生活值得一过，以及能够把自己当作某个社群（至少是某个概念社群）的一部分（该社群能够理解我们并且在某种程度上跟我们共享着同一种视角）。通过参与一些具有独立价值的计划，或者说当某种价值来自我们自身以外的其他事物时，通过保护、保存、创造以及实现这种价值，我们可以满足这些兴趣。事实上，很难看出我们如何能够以其他方式来满足这些兴趣。

现在我们已经看到这些兴趣是广泛存在的，也看到了一种"适合感到充实"（"fitting fulfillment"）的生活如何回应这些兴趣。我希望这些反思将为我的这两个主张提供支持：（一）为了过上有意义的生活，我们要积极热情地参与一些值得参与的计划；（二）有意义这一特征与幸福和道德都有所不同，而一种充分成功的人类生活应当把这个特征包含在内。

在本次演讲的大部分时间里，我都在强调有意义的生活的主观方面：它确保了有意义的生活会令人感到充实，从而给人带来美好的感受。这种强调不仅让我们看到了我的意义观与更加流行的充实论之间的共同点——后者建议我们要找到自己的激情并追随这种激情，而且也让我可以轻松地指出，当一个人过着有意义的生活时，这在某个方面对他来说是一件好事。然而，我们如果去思考人类有哪些深层次的兴趣或需求是有意义的生活专门要回应的，那么就需要强调有意义的

一、生活中的意义

生活的客观方面。我们之所以对过有意义的生活感兴趣，并不是因为我们想要自己的生活**看起来**具有某种特征，而是因为我们想要自己的生活**实际**上具有某种特征。具体来说，我们想要自己的生活可以恰当地得到其他人的欣赏、钦佩或重视，[17] 以及自己的生活实现了某种独立的价值、为这种价值做出贡献或者跟它保持一种积极的联系。就像仅仅认为或觉得自己不孤单，并不会真的让我们不孤单一样，仅仅认为或觉得自己满足了这些深层次的兴趣，同样也不会让这些兴趣得到真正的满足。如果我们想要过上一种不仅看起

---

[17] 这跟托马斯·斯坎伦（Thomas Scanlon）所强调的另一种兴趣并不是毫无关联的。在论述道德动机和道德理由的时候，斯坎伦强调，我们希望自己的行为"在其他人看来有合理的依据"。See, e.g., T. M. Scanlon, *What We Owe To Each Other* (Cambridge: Harvard University Press, 1998). 然而，当我在讨论意义（而不是道德）要回应的那种兴趣时，我所说的兴趣会更加广泛，它不仅包括我们的人类同胞的视角，而且还包括我们想象出来的一个更外在的非人类观察者的视角。

来有意义而且实际上确实也有意义的生活，那么客观方面就和主观方面一样重要。

然而，关于这种意义观及其重要性，目前还有很多问题没有解释清楚。尤其是，很多读者无疑会对我提及客观价值产生抵触情绪。相应地，我认为有些激情在我们的生活中占据着核心地位，并且有些活动（或计划）会比其他活动（或计划）更适合作为这些激情的对象，而很多读者无疑也会对这种观点产生抵触情绪。但我还没有谈到这种抵触情绪，甚至还没有承认它的存在。我会在下一次演讲的开头对这些内容做出回应。不过，我想提前跟你们说一下，我并不打算提供一种客观价值**理论**，更不会提供一个完全可靠的程序，以便我们能够确定哪些事物具有客观价值。既然如此，人们可以合理地追问：我为什么还要费心来讨论这个主题呢？第二次演讲的剩余部分旨在回答这个问题。因此，到了第二次演讲结束的时候,你们不仅可以看到何为有意义的生活,而且还可以看到有意义的生活为何重要,我会努力说服你们接受我的观点。

二

"有意义"这个概念为何重要

二、"有意义"这个概念为何重要

在上一次演讲中,我已经指出,有一些关于人类心理的哲学模型会把人类的所有动机和理由划分成两种类型,即"自利的动机"和"道德的动机",或者"个人化的理由"和"非个人化的理由"。但这些模型不仅过于简单化,而且也不符合真实情况。此外,就许多对我们最重要的事情和活动而言,这些模型也无法捕捉到我们跟这些事物之间的关系的特征。不仅如此,我还主张,由于这些模型鼓励我们仅从幸福和道德的角度来思考我们的生活,所以它们会导致我们忽视另外一个重要的维度,即"有意义"的维度,我们的生活在这个维度上同样也可以变得更美好或更糟糕。

但是,何为有意义的生活呢?在上一次演讲中,我把两种流行的观点结合在一起,提出了另一种意义观。充实论告诉我们,要找到我们的激情并追随这些激情。跟充实论一样,我的观点同样也承认,有意义的生活包含了主观的要素。如

生活中的意义

果一个人无法融入他自己的生活,不能从他自己生活中的任何活动获得快乐或自豪,那么我们可以说他的生活缺乏意义。然而,另一种流行观点则把意义和参与到"比自己更大的事物"当中联系起来。与该观点一样,我的观点同样也承认客观的要素。我把自己的观点称为"适宜充实论"。按照这种观点,只要一个人的主观吸引力的对象是一些具有客观价值的事物或目标,他的生活就有意义。也就是说,只要一个人发现自己爱的是值得爱的事物,并且能够为此做一些积极的事情,他的生活就有意义。或者再换另一种我用过的说法:只要一个人积极热情地参与一些值得参与的计划,他的生活就有意义。

回顾道德哲学史,我们不难发现,"有意义"这个维度往往被忽视了。事实上,大多数哲学家完全没有注意到这个维度。在这次演讲中,我将指出这种忽视所带来的一些代价。但在讨论这个话题之前,我还有一些尚未完成的工作要处理。

二、"有意义"这个概念为何重要

我对有意义的生活的描述到目前为止还比较抽象,仍然留下许多尚未解答的问题,以及许多尚未应对的挑战。不难预料,也许最紧迫的问题和最严峻的挑战与我的观点的"客观"维度相关;也就是说,与我用"适合(感到充实)""值得(爱)"以及"独立、客观的价值"等不同的术语来指代的那个范畴相关。对此,人们想要知道,哪些计划适合感到充实?哪些对象值得爱?如何确定一项活动适不适合或值不值得参与,或者有没有独立的价值?就此而言,为什么要认为我们可以合理地做出这样的判断呢?

这些问题牵涉到我的观点的核心问题。如果没有(那种与有意义的生活相关的)客观价值这种东西,或者如果讨论值不值得毫无意义,那么按照我的理解,我们就不可能在生活中获得意义。因此,这些问题对我的意义观来说是一些非常核心的问题,我肯定不会否认这些问题的存在。虽然正如你们接下来将看到的,我对这些问题只有初步的答案，而我的意义观确实绕不开这些问题，但我并不认为这就意味着我们有理由以怀疑的眼光来看待我的意义观。

接下来我会先阐述我对这些问题的看法并为之辩护，然后我将转向我之前承诺要在这次演讲中讨论的主题，那就是：我认为我们不仅应当从幸福和道德的角度，而且还应当从意义的角度来思考生活的可能性，但意义的角度为什么重要呢？尤其是考虑到我们正在讨论的那个范畴目前还是一个初步、含糊不清、开放的范畴，为什么这个角度会重要呢？

关于客观价值的问题

为了回答第一组问题，让我先从一个非理论的层面，或者说从一个被许多哲学家称为"直觉的层面"开始说起。在上一次演讲中，我提到了这样一个观点：我们的计划或激情之所以必须

二、"有意义"这个概念为何重要

满足某个客观条件,才能够成为有意义的生活的基础,是因为我们观察到,有一些计划并不足以让人们的生活变得有意义,比如徒劳无功地将石头推上山、抄写《战争与和平》、玩数独游戏或者照顾自己的宠物金鱼。回顾一下这个观点会对我们有所帮助。因为通过思考这些计划所缺乏的东西,我们就可以提出相关的假说来探究是什么特征使得某项活动更适合作为意义的基础。由于上述这些有问题的例子看起来都是一些涉及无用活动的例子,因此我们似乎有理由认为,有用的活动在某种程度上更适合作为那些与有意义相关的论断的基础。此外,由于很多有问题的例子所涉及的活动都是一些常规化或机械化的活动——换句话说,这些活动对于具备正常智力和能力的普通人来说会很无聊——所以我们可以推测,如果一项活动或计划更有挑战性,或者它为一个人提供了更好的机会来发展他的能力或实现他的潜力,那么它就更适合作为意义的提供者

（meaning-provider）。

值得注意的是，符合这些标准的计划和活动不仅范围广泛，而且种类繁多。尤其值得注意的是，符合这些标准的不仅包括那些从传统标准来看具有道德价值的计划和活动，比如与家人和朋友建立积极的关系以及参与政治和社会事业，而且还包括很多在此范围之外的计划和活动。我们在直觉上似乎会认为，像创作艺术品、增加我们对世界的认识，以及保护自然美景等活动都应当被当作有价值的活动，即使这些活动不会给人类或动物的福祉带来明显的改善。此外，努力追求卓越的品质或发展自身的能力，比如努力成为卓越的赛跑运动员、大提琴手、家具木匠和糕点师等等，同样也应当被当作有价值的活动。

在某种程度上，正是因为有如此广泛而多样的活动适合作为充实感的来源，因此可以作为那些与有意义相关的论断的基础，我才会用这么笼统且含糊不清的方式来描述这个条件。也许在

二、"有意义"这个概念为何重要

我使用过的各种表述中,在这方面最好的一种表述是:一个人所参与的计划或活动必须具有某种价值,并且这种价值的来源在他自身之外;换句话说,该计划或活动的价值在某种程度上并不是由他自己对它的态度来决定的。这种表述的优势在于它把排他性的程度降到了最低。该表述指出,如果一个计划的全部价值就在于令参与者感到快乐、有趣或充实,也就是说,它的价值完全是由个人的主观因素来决定的,那么该计划就无法使参与者的生活变得有意义。但除此之外,该表述并没有对这项计划的价值来源或价值类型做出其他限制。然而,如果按字面意义来理解的话,我们在直觉上可能会认为这个条件的标准太低了。当我们想象各种活动在人们的生活中扮演着重要角色的时候,如果我们关注的是这些生活有没有意义,可能就会发现,似乎有某种比例条件(proportionality condition)在背后发挥作用。严格来说,当某个女人的生活都围绕着她的宠物

生活中的意义

金鱼打转的时候，或者当某个男人煞费苦心地抄写《战争与和平》的时候，我们实际上不能说他们的活动一旦脱离了他们自己的心理状态，就没有任何价值。也许一条金鱼的生命和它舒适的生活状态具有某种独立的价值。类似的，尽管我们很容易就可以在图书馆和书店借阅或购买到文学名著的副本，但为文学名著增加另一个副本或许也具有某种独立的价值。即便如此，这些目标看起来仍然缺乏**足够的**价值，不值得人们像我们所设想的这些人物一样，在它们身上投入那么多时间、精力和金钱，尤其是考虑到我们假定这些人物还可以参与很多其他活动。

此外，我们似乎有很好的理由追问：如果一项活动对某个人自己来说是有价值的，这并不足以给他的生活提供意义，那么为什么一项活动对**其他**生物来说是有价值的，这就可以使得该活动更适合成为意义的提供者？当我说一个人的某项活动具有"独立于他自身"的价值时，我们应不

二、"有意义"这个概念为何重要

应该这么来理解这个条件：只要该活动对另一个人有价值（意思是它会给另一个人带来快乐或者对他有用），这个条件就满足了？如果除了西西弗，还有第三方因看到西西弗推石头上山而感到快乐或充实，或者说如果除了金鱼的女主人，她的所有邻居都非常关心这条宠物金鱼的福祉，这些事实会不会让西西弗或这位女主人的生活变得更有意义呢？如果会的话，那么这些事实为什么会如此重要，就很令人费解。而如果不会的话，那么我就需要对"独立价值"这个条件做出进一步的说明。

更糟糕的是，由于这些问题都难以回答，这可能会让人们开始怀疑我们是不是根本就不应该接受这样的条件。尽管我们不愿意承认那个热爱金鱼的人、抄写托尔斯泰作品的人以及心满意足的西西弗的生活是有意义的，因此我们倾向于采纳某种与"适合"或"值得"相关的条件，从而把这些人的生活排除在有意义的生活之外，但或许我们应该抵制这种倾向。不仅如此，还有另外两种理由往往也会给这种怀疑态度提供支持，它们值得分开讨论并分别加以回应。一方面，人们会产生某种与道德或准道德（quasi-moral）的本质相关的担忧，这种担忧与狭隘主义（parochialism）和精英主义的危险有关。另一方面，从哲学的角度来看，人们也很关心与价值相关的形而上学问题。

谁说了算？精英主义的危险

第一种担忧非常重要，它们所传达的价值理念也是我完全支持的，但我认为对这些担忧的认可和我所提出来的观点的核心精神及其意图根本不会产生冲突。为了表达我心中的担忧，或许最自然而然的一种方式是以反问的形式来追问这个问题："谁说了算呢？谁能够说哪些计划适合参与（或值得参与，或者说有价值），哪些又不适合

二、"有意义"这个概念为何重要

呢?"令人担忧的是,无论是由哪一个人或哪一群人担任价值方面的权威,其观点仍然有可能带有偏见或不够开明。我在前面使用了一些例子来说明我的观点,但这些例子反映了我的价值观是一种美国中产阶级的价值观,而这无疑使得这种担忧更加引人注目。

诚然,我们**确实**需要警惕精英主义和狭隘主义的危险,尤其是在判断其他人所做的事情具有什么样的相对价值时,更是应当保持警惕。但是,如果我们把自己也会犯错误这一事实牢记在心,如果我们认为自己的判断只是一种初步的判断,以及如果我们在必要的时候提醒自己,我们之所以思考"有意义"这样一个范畴,并不是为了在"有意义"这个维度上给不同的生活排序,那么我们就可以将这些危险降到最低程度。

对于这个问题——"谁能够说哪些计划具有独立的价值,哪些又缺乏这种价值呢?",我的回答是:"任何人都不具有特殊的话语权。"无论是我,还是任何职业伦理学家或学者团体(就此而言,还包括任何我能够想到的其他团体),都不具备特殊的专业知识,因此任何人所做出来的判断都不会特别可靠。相反,像"哪些计划有价值?"以及"哪些活动值得参与?"这样的问题对所有人都是开放的,每个人都可以去追问这些问题,并尝试给出自己的答案。我认为,如果把我们的信息、经验和想法汇集起来,那么我们可以更好地回答这些问题。哪些计划有价值,哪些活动又只是在浪费时间而已,关于这些问题我们早在童年时期就已经做出了某些先于理论的判断或者说直觉判断,但这些判断只是各种课程、经验和其他文化影响的产物。之后我们可能会被要求为自己的判断提供辩护,会接触别人的不同判断,会扩大我们的经验范围,会了解其他文化和生活方式,而这些经历往往会引导我们去修正自己的判断,如果一切顺利的话,我们的判断将会有所改善。这个过程很有可能不会有终点。这不

二、"有意义"这个概念为何重要

仅因为我们作为一种会犯错的生物,对价值所做出来的判断在某种程度上永远只能是一种初步的判断,而且还因为各种有价值的事物往往会随着时间的推移而发生改变。如果价值的发展历史跟艺术史相类似,那么人类的聪明才智和宇宙的持续变化必然会导致价值将不断发展出新的形式。[1]也许旧的形式同样也会萎缩。然而,即便我们在"哪些事物有价值"这个问题上缺乏最终的权威,这也不意味着我们就有理由怀疑这个问题本身是不合理的或不自洽的,同样也不意味着当我们努力为这个问题寻找一个或多或少合理的答案,哪怕只是一个不完整且非永久的初步答案时,我们

---

[1] See Joseph Raz, *The Practice of Value* (Oxford: Oxford University Press, 2003), p.33. 拉兹写道:"就像艺术形式、社会关系和政治结构都是由社会实践所创造的一样……因此,它们特有的德性和卓越品质的形式都必须依赖于那些把它们创造出来并继续维持它们的社会实践。在这些情况下,不仅是那些用来实现这些价值的工具,而且连这些价值本身看起来也都是随着某些社会形式而产生的——那些使得这些价值有可能在现实中实现的社会形式。"

的这种做法就是不合理的。

两种独立于主体的价值

我在前面还提到了第二种担忧,有这种担忧的人确实对客观价值这一范畴有所质疑。第一种担忧是对精英主义的担忧,它提醒我们注意,认为自己知道哪些事物、活动或计划有价值这样一种想法是很危险的。然而,第二种担忧是一种更加哲学化的担忧,它怀疑的是,在价值方面根本就没有客观标准这样一种东西;更确切地说,客观标准在这里指的是这样一种标准:它以客观的方式对不同的计划、活动和兴趣进行区分,以表明其中某些计划、活动和兴趣更适合或更能够为我们的生活提供意义。

在回应这种担忧的时候,要记住我们正在讨论的是哪一种客观性。这一点非常重要,因为众所周知,"客观性"这个术语是含糊不清的。一

二、"有意义"这个概念为何重要

项计划为了能够给某个人的生活提供意义,它的价值必须在某种客观的意义上至少不是完全由这个人来决定的,而在当前这个语境下,我们可以通过两种完全不同的方式来理解这里所涉及的客观性。

前面我提到了这样一种流行的观点,它认为当一个人参与到"比自己更大"的事物当中时,他的生活就获得了意义。我在上一次演讲中论证过,我们可以把"比自己更大"这个说法理解为是在指出这样一个更缺乏修辞色彩的条件:一个人必须与某种至少有一部分价值在他自己**以外**的事物或活动保持积极的联系。在探究这种观点的合理之处的过程中,我们可以看到第一种理解客观性的方式。这种观点的核心思想似乎是:如果一个人的生活完全以自我为中心,只致力于确保自己的生存以及改善自身的福祉,从来没有实现过任何与自身利益无关的价值,那么这种生活就缺乏意义。相反,如果一个人成功地参与了某些

生活中的意义

不只对他自身有价值的活动,那么他的生活就有意义,因为似乎只有在这种情况下,他才能够说,从一个可能并不在乎他的外部视角来看,他的生活方式也是有价值的。

当一个人致力于改善自己的生活,从来没有实现过任何独立于自己的价值时,他的生活会被认为是无意义的,但如果他积极参与跟其他人或其他生物相关的活动或者其他有价值的活动,那么他的生活就有意义。从某个角度来看,这种观点似乎令人费解。如果给自己的孩子提供食物和住所、帮自己的伴侣恢复健康以及从死神手中救出受伤的战友,都是一些值得参与的活动,那么给自己提供食物和住所、帮自己恢复健康以及拯救自己的生命,这些活动难道不也同样值得参与吗?如果我和你两个人互帮互助,我们的行动就可以给自己的生活提供意义;但如果我们都倾向于改善自己的福祉,我们的行动就不会产生相同的效果,这种观点看起来挺奇怪的。

二、"有意义"这个概念为何重要

然而,虽然某些活动、计划或行为不能够给我们的生活提供意义,因此在"有意义"这方面没有价值,但它们可能在其他方面是有价值的。只要我们意识到这一点,并且记住"有意义"这一范畴的独特性,上述那种困惑就会消失。毫无疑问,如果拯救另一个人的生命是有价值的,那么拯救自己的生命同样也有价值;此外,照顾自己、追求幸福和避免痛苦当然都是一些明智的、值得做的事情。而偶尔玩一下数独游戏或照顾一下金鱼,这些行为甚至可以说是完全合理的。但"一个人的生活有没有意义"与"从一个外在的视角来看,是否可以说他的生活值得一过"这两个问题具有特殊的联系。有意义的生活意味着,即便从一个不偏不倚的视角来看,这种生活也不是无所谓或无关紧要的。当一个人与某些人、物品和活动保持积极的联系,并且这些事物具有独立于他自身的价值时,他的这种生活方式与这样一个事实是和谐一致的,即他自己的视角和他自身的存在在宇宙中并不具有特殊的地位。这就是为什么参与有独立价值的事情会有助于使某个人的生活变得有意义,但那些以自己的利益为目标并且在其他方面没有价值的活动却无法产生相同的效果。[2]

如果我们所参与的某些事情在这种意义上具有非主观的价值,也就是说,并非只有参与这些事情的主体才认为它们有价值,那么这种非主观的价值概念在形而上学方面就一点都不神秘,而且这个概念本身也不会有任何问题。至少在原则上,我们很容易辨别哪些活动只对自己有价值,哪些活动则不只对自己有价值。当我去吃可口的巧克力、看《胜利之光》这部电视剧或者在森林中散步的时候,这些事情**对我来说**都是有价值的,但是在这个世界上,除了我,其他人都不会

---

[2] 对这一点的进一步讨论,参见 Susan Wolf, "The Meanings of Lives" and "Meaningful Lives in a Meaningless World" (Lecture One, fn 12, above)。

二、"有意义"这个概念为何重要

从我所做的这些事情中受益,而且这些事情也没有实现或产生任何独立的价值。相比之下,当我去帮助别人或者写出一本好书的时候,这些事情不仅对我来说是有价值的,对某些其他人来说同样也是如此。这些事情的价值至少有一部分并不是由我自身的存在和我自己的视角来决定的。

然而,"独立于主体"还有另外一种意义,它在哲学上会引起更多的麻烦,而且也与人们一直以来对价值的形而上学问题的担忧更密切相关。具体来说,在这种意义上,一个人的活动或计划为了能够给他的生活提供意义,必须同时满足这两个条件:不仅它们的价值所在地(locus)或受益者必须有一部分与他自己无关,而且用来确定价值的判断标准也必须有一部分不是由他自己来决定的。根据适宜充实论,认为或觉得自己的生活有意义,并不能让自己的生活变得有意义,至少仅凭这种想法或感受本身无法做到这一点。只有当一项计划或活动具有某一种价值时,它才有

生活中的意义

可能成为意义的提供者，但某项计划或活动是否具有这种价值，人们却可能会对此做出错误的判断。

我昨天所举的一些例子，比如"充实的西西弗"，就是为了指出，我们可以想象有这么一个人，虽然他对某项活动感到充实，但从一个第三人称的视角来看，我们会认为那项活动并不足以产生意义。在"充实的西西弗"这个例子中，如果西西弗认为他的生活是有意义的，那么他就是在做出一个错误的判断，因为他在推石头这项活动中发现了某种实际上并不存在的东西。虽然换成现实的例子可能会引起更大的争议，但我们可以轻而易举地想到这样的例子。比如说，某个人在吸毒之后，可能会发现在浴室里数瓷砖很有趣，或者不断重复观看《老爸最清楚》这部电影却依然感到非常开心。某个狂热的宗教信徒可能会认为，服从宗教领袖的命令以及努力维护宗教领袖的权力，都是值得追求的目标。某个刚从法学院毕业的律师可能会把他为无良企业客户的积

二、"有意义"这个概念为何重要

极辩护看作是在以实际行动维护正义，是一种高尚的行为。而某个好莱坞明星的私人助理则可能会被这位明星周围的光环和名声所吸引，认为满足这位明星的每一个奇思妙想，是一件关乎国家利益的大事。这些人可能会认为，由于他们在努力推进自己的目标以及帮助自己的偶像，所以他们的生活是有意义的。他们可能会认为自己的目标值得追求，而且也会做一些有利于促进这些目标的事情，并因此感到充实。然而，根据适宜充实论，他们的看法都是错误的。

当一个人在回顾自己过去某一段生活的时候，他自己可能会认为，某些曾经看起来有价值的事物实际上并没有价值。有些人甚至可能会突然在某种程度上"清醒过来"，意识到自己长期以来满怀热情从事的某项活动是浅薄的或空洞的。这些例子使得这样一种观点看起来很有说服力，即某个人可能会在某项没有意义的活动中找到了意义。类似的，其他一些例子则向我们指出

生活中的意义

了另一种截然相反的可能性。我们可以想象，鲍勃·迪伦的母亲认为她的儿子拿着他那把吉他胡闹是在浪费时间；或者弗雷德·阿斯泰尔的父亲希望他的儿子能放弃跳舞，去找一份真正的工作。尽管托尔斯泰的文学成就很伟大，但有一段时期，他却认为自己的文学成就毫无价值。他没有意识到自己做了很多让他的生活变得有意义的事情。这些例子表明，一个人可能会把某项别人认为有价值的活动当作没有价值的活动。看起来不管是消极的价值判断还是积极的价值判断，人们似乎都有可能出错。

如果我们相信一个人对某项活动的价值有可能会做出错误的判断，这就意味着我们相信某种独立于主体的价值判断具有合理性。[3]根据我所提倡的意义观，为了理解何为有意义的生活，这

---

[3] 也就是说，"某项活动值得参与"这样一个判断是否为真，跟做出该判断的主体（比如托尔斯泰或西西弗）是否认为这项活动值得参与无关。

二、"有意义"这个概念为何重要

样一种判断是必不可少的。

价值的形而上学难题

相信这种独立于主体的价值判断具有合理性,从而在价值方面拒绝激进的主观主义,这跟相信某种在形而上学方面带有神秘色彩的客观价值概念看起来完全是两码事——后者有时候会跟柏拉图或者跟近期的G. E. 摩尔联系在一起。虽然我承认一个人可能会对"哪些事物有价值"这个问题做出错误的判断,以及一个人觉得某个事物有价值并不一定就会使得这个事物真的变得有价值,但这并不意味着我相信价值是一种非自然(nonnatural)属性,或者如约翰·麦基(John Mackie)所说的那样,价值是"世界结构"的一部分。[4] 类似的，虽然我相信某个人可能会做出错误的价值判断，甚至相信每个人都可能会做出错误的价值判断，但这也不意味着我相信价值在原则上跟人类（或者其他有意识的存在者）的需求和能力无关。

在激进的主观理论和激进的客观理论之间，还有很多不同的价值理论。当我宣称"有意义"具有一个客观的要素时（也就是说，并非所有计划都适合感到充实，以及只有某些对象值得爱等等），我只是想要强调，我们必须假定某种与激进的主观理论有所不同的价值理论是正确的。至于如何从正面的角度来阐述非主观的价值，我必须承认，我还没有找到一种令我感到满意的理论。激进的客观价值理论既不可信，又含糊不清，但在激进的客观理论和激进的主观理论之间，那些最引人注目的价值理论同样也有问题。

---

[4] J. L. Mackie, *Ethics: Inventing Right and Wrong* (Harmondsworth: Penguin, 1977).

二、"有意义"这个概念为何重要

比如说,有些人会被主体间的(intersubjective)价值理论所吸引,根据这种理论,某种事物是否有价值,取决于某个评价者群体是否认为它有价值。然而,如果一个个体认为某种事物有价值并不足以让它拥有真正的价值,那么我们就很难理解为什么一个群体对某种事物的认可就足以让它变得有价值。如果一个人可能会做出错误的价值判断,那么为什么五个人或者五千个人就不可能会出错呢?艺术史或道德史似乎已经充分地证明了这一点:整个社会是有可能出错的。

我认为,更有说服力的价值理论是这样一些理论,它们将价值与某些假想的回应联系在一起,而这些回应是由某个理想化的个体或群体做出来的。从这种观点来看,说某种事物有价值,这意味着某个足够理性、敏锐、敏感、博学的人会认为它有价值,用约翰·斯图亚特·密尔的话来说,它会被"一个称职的评判者"[5]认为是

---

[5] John Stuart Mill, *Utilitarianism* (1861), Chapter 2.

有价值的。然而，这种观点似乎不够完整，因为如果把这种观点解释为是在主张，某种事物之所以有价值，是因为它能够在这样一个理想化的个体身上引起这种回应，那么我们就需要为这种观点提供进一步的解释和辩护。如果我、我的朋友或者我的同胞确实认为某个对象有价值，而这无法让该对象变得有价值，那么为什么一个想象中的个体认为某个对象有价值，就能够让该对象变得有价值呢？另一方面，如果把提及这些假想回应理解为是在以某种方式追踪（track）价值，而不是在解释价值所包含的要素，那么这种观点似乎就没有触及我们当前最关心的问题，即被追踪的东西到底是什么（或者也可以说：价值究竟是什么）。

47 　　因此，在我看来，提出恰当的理论来解释价值的客观性，也就是说，解释价值判断在哪些方面不是彻底主观的，这在哲学上仍然是一个尚未解决的问题，或者说是一组尚未解决的问题。尽

二、"有意义"这个概念为何重要

管我相信我们有很好的理由拒绝激进的主观价值理论,但我并不清楚一个足够完整、可辩护的非主观理论看起来会是什么样子。

由于缺乏这样一种理论,因此当我们在判断什么样的计划能够让我们的生活变得有意义的时候,就更有理由认为我们是在做出某些初步的判断。我们必须承认,很多关于价值的争论都是合理的,这不仅包括争论某些特定活动的价值,比如啦啦队表演、极限飞盘和分析哲学,而且还包括争论某一类活动的价值,比如艺术表达、自我实现以及与大自然的互动。哪些事物有可能为我们的生活提供意义,换句话说,哪些事物在这个意义上是有价值的,关于这个问题,我个人倾向于做出某种慷慨大方的假设。我相信,几乎所有长期以来被很多人**认为**有价值的事物都是有价值的。如果人们发现某个物品、活动或计划很有吸引力,那么这很有可能是因为它身上有某些因素使得它如此吸引人,比如说也许是因为该活动富有挑战性、该物品很美或者该计划在道德上很重要。

然而，这些信念可能是不可靠的。只要我们快速浏览一下"吉尼斯世界纪录"或者互联网聊天室的列表，就会发现，事实上有很多人都在做一些莫名其妙的事情。比如说，他们会开割草机赛车、比赛谁吃东西更快、在旗杆上坐着，以及观看真人秀节目……这些活动值得人们投入那么多的时间和金钱吗？它们可以给这些人的生活提供意义吗？无论我们是对这些问题做出肯定的回答，还是做出否定的回答，好像都有一定的道理。

我不仅认可非主观价值这种理念，而且还认为这种价值可以用来区分不同的计划，以表明其中有些计划比另外一些计划更能够促进有意义的生活。虽然我的这些想法将遭到某些人的批评，但与此同时，由于我不愿意自信满满地运用非主观价值这个概念，用它来做出某些能够帮助我们

二、"有意义"这个概念为何重要

确定哪些计划有意义的实质性判断,以及把有意义的计划和无意义的计划进行对比,因此我的这种做法会令另外一些人感到沮丧或者恼火。他们可能会问:如果你不愿意在"哪些生活有意义?"这个问题上采取某一种立场,那为什么还要费力地讨论这个主题呢?如果你坚持认为有意义的生活这样一种东西是存在的,却又无法为我们该如何生活提供任何指导,那么你的这种看法又有什么意义呢?换句话说,既然你在判断特定的具体生活有没有意义的时候如此谨慎,为什么意识到"有意义"这个抽象范畴的存在会是一件重要的事情呢?

"有意义"这个概念为何重要

我们可能会想到这么一个答案:即便我们无法以更系统或更确切的方式来讨论"有意义"这个概念,但明确地把有意义的生活当作一种值得向往的生活目标，这或许也会让我们更有可能过上有意义的生活。虽然我们缺乏一个好的哲学理论来解释哪些计划、活动和兴趣具有非主观价值，因此可以为我们的生活提供意义，但毕竟我们在实践中并非对这些事情一无所知。提及"有意义"这个概念至少可以提醒人们去留意他们的生活在这方面是否（或看起来是否）令人满意，而这或许足以促使他们改变自己的生活。

然而，我不会太重视上述这种主张。许多人——也许是大多数人——都在努力过着有意义的生活，但他们从来没有明确思考过"意义"这个**观念**。此外，仅仅让那些过得没那么有意义的人更加明确地意识到自己的生活存在这种不足之处，通常并不会让他们的生活变得更有意义。[6]

---

[6] 许多人只是缺乏获得意义的机会（这并不是由他们自己的过错造成的）：他们的物质环境、经济环境或政治环境剥夺了他们的自由或闲暇，使得他们没有机会去探索和追求他们所热爱的活动。还有一些人可能由于自身的性情而很难以正确的方式爱上任何东西。一个人会被哪些东西吸引并不是由他的意愿来决定的。

二、"有意义"这个概念为何重要

如果我们的生活或我们的学生和孩子的生活因为思考"有意义"这个概念而变得更有意义，那么这种思考很有可能是通过某种间接的方式起作用的。抽象地思考有意义的生活所带来的直接益处往往是一些智识方面的益处。具体来说，关注"有意义"这一范畴可以帮助我们更好地理解我们的价值观以及我们自身，并且可以使我们更好地评估某些核心兴趣和活动在我们的生活中所扮演的角色。

事实上，我认为对"有意义"这个概念的思考所具有的大部分价值都来源于思考"有意义"**不是**什么。在上一次演讲的开头，我说过有意义既不是（不等同于）幸福，也不是（不等同于）道德。如果我们意识到有意义的生活是一种值得追求的东西，是我们希望自己和其他人都能够拥有的东西，那么我们就会意识到除了幸福和道德（即便把这两个范畴加在一起），生活中还有其他值得追求的东西。这至少意味着，当一个人选择花时间去做一些既不会使自己的利益最大化,也不是道德上最好的事情时,他并不一定是非理性的。

此外,如果我们意识到有些事情虽然不会对幸福或道德起到最大的促进作用,但仍然值得去做,那么这可能会改变我们对"幸福"和"道德"这两个概念的理解方式。

正如我在上一次演讲中所提到的,无论是从道德还是从自利的角度来看,我们所做的很多事情似乎都缺乏合理的依据。比如说,我选择去医院看望我的朋友、去学习哲学或者去烘焙一份精致的甜点。如果用来理解我们的理由和行动的概念框架只承认自利价值和道德价值,那么我们将不得不使用这两个范畴来理解这些选择,否则就必须认为这些选择都是非理性的或错误的。然而,考虑到这些活动所带来的困难和不便,我们很难确定这些活动是否符合我的自我利益。但另一方面,认为这些活动在道德上有价值,尤其是

二、"有意义"这个概念为何重要

认为它们在道德上比其他替代方案更好,这看起来是在以一种自视甚高且站不住脚的方式来夸大这些活动的价值。只要我们觉得我们必须用"幸福"和"道德"这两个范畴来为自己的行为提供解释和辩护,我们往往就会扭曲自身所拥有的那些兴趣的性质及其重要性,或者用一些对自己明显更有利或在道德上更令人钦佩的计划来取代那些兴趣。

有人可能会说,这里的问题跟这样一种想法有关:我们的行动和选择需要有充分合理的依据。可是有时候我们之所以去做某些事情,仅仅是因为我们想要这么做,并没有任何进一步的正当理由,难道这么做就有问题吗?确实没问题。但是把我刚刚提及的那些活动仅仅看作是一些任意的偏好,这也是一种误导,在某种程度上是在贬低那些活动。事实上,我之所以做那些事情,并不仅仅是因为我想要那么做。尽管我确实想要做那些事情,但我是有理由的。我之所以去看望我的朋友，是因为我的陪伴可以给他带来帮助，至少可以让他知道他的朋友很关心他（也有可能我去看望他的时候，已经知道他处于昏迷之中，在这种情况下，我就只是为了向自己表达对他的关心）；我之所以去学习哲学，是因为它很有趣而且还能拓展思维，或者是因为——就我个人而言——它可以帮助我做好我的工作；此外，我之所以去烘焙食物，是因为我为自己的烘焙技能感到自豪，我热爱美食并希望与他人分享我对美食的热情。

诚然，在这些行为中，至少有一些行为具有公认的道德价值，而且在道德上会优于其他对我同样有利或更有利的行为，并且都在某种程度上有助于促进我的幸福——能够去做我自己所选择的事情至少会让我获得某种满足感。然而，无论从道德还是从利己主义的角度来看，都无法捕捉我对这些行为的看法，如果我们只从这两个角度来思考这些行为，那么我们将看不到它们在我的

二、"有意义"这个概念为何重要

生活或其他人的生活中所发挥的作用。在这些情况下,我之所以会那么做,既不是为了我自己,也不是为了全世界;既不是出于责任,也不是出于自我利益。恰恰相反,我是被我的朋友、哲学和美味的巧克力蛋糕[7]这些特定事物的价值所吸引的。而这些"对象"的价值都来自我自身以外的其他事物。不管**我**是否喜欢或在乎这些"对象",甚至不管**我**是否注意到它们的存在,它们都是好的、有趣的或值得追求的。但这些价值确实对我有亲和力(或者也可以说,它们对我有主观的吸引力),所以我才会去回应它们。

理解这一点之所以很重要,部分原因在于:正如我已经说过的,只有理解了这一点,我们才能够认可这些兴趣和活动,而不会扭曲它们的价值特征。此外,也只有理解了这一点,我们才能

---

[7] 这里有一份很好的食谱,参见http://www.epicurious.com/recipes/food/views/chocolate-mousse-cake-with-cinnamon-cream-14010。

够正确地理解自我利益和道德,并且正确地理解这两种价值及其所界定的视角在我们的生活中所发挥以及所应当发挥的作用。

意义与自我利益

承认有意义是一种价值,这对我们的自我利益概念而言,意味着什么呢?其中有一个推论是大家耳熟能详且显而易见的。具体来说,如果有意义被认为是美好生活的一个组成要素,因此也是一种开明的自我利益观的组成要素,并且如果就像我所论证的,有意义不能被理解为一种纯主观的生活特征,那么快乐主义的自我利益观就难以成立,因为这种自我利益观认为那种拥有最多优质体验的生活就是最美好的生活。当幸福被理解为一种主观的东西时,一种恰当的自我利益观就必须包含某种幸福以外的东西。此外,我们还可以看到,"有意义"本身也有一个悖论,它类似

二、"有意义"这个概念为何重要

于"快乐主义的悖论",但要更加深刻。因为意义要求我们应当对自身以外的价值保持开放的态度并加以回应,所以我们不能只关注自己。如果我们想要过有意义的生活,就不能把太多的精力或注意力放在自己身上。

承认有意义是美好生活的一个组成要素,还意味着我们应当看到"自我利益"这个概念具有某种不确定性。如果有人跟我一样也认为,除了像主观幸福等其他要素,意义也是美好生活的一个组成要素,那么他至少就会承认这一点。许多有助于给生活带来意义的事情,不仅困难重重,会给人带来很大的压力,而且还会对人提出很高的要求;它们可能会使人面临危险或更容易感到痛苦。不妨考虑一下这两个例子:收养一个严重残障的小孩,或者去饱受战争摧残的国家帮受难者寻找食物或安全的地方。过更有意义的生活比过更轻松、更安全、更愉快的生活,**对我们自**

己来说会更好吗？这个问题可能没有答案。同样地，即便意义不会与其他的自我利益相冲突，我们也不应当认为，人们显然有理由想要在自己的生活中将意义**最大化**。

如果将意义引入"自我利益"这个概念当中，会使得这个概念变得更加不确定，也更加难以应用，那么从实践的角度来看，这种做法也会使得自我利益变得没那么重要。承认有意义的生活不仅可能，而且还值得向往，这意味着承认有某些价值独立于我们自身，这些价值为我们提供了理由来支持那些产生意义的活动。某位女性会因为收养小孩而过得更有意义，虽然我们并不清楚综合考量的话，她会不会过得更好，但这位女性本人可能并不在乎这一点。她和那个小孩之间的关系给她的生活增添了意义，这意味着这种关系对她有吸引力，至少在某种程度上会让她感到充实。因此，她会有其他理由——也就是说，爱

二、"有意义"这个概念为何重要

的理由——为收养那个小孩而感到高兴。[8]

意义与道德

承认有意义是一个独特的价值范畴，这不仅对自我利益的概念会有影响，而且对我们如何理解道德也会有影响。事实上，就像自我利益的概念一样，这些影响涉及的不只是道德的内容，还包括道德在我们的思想和生活中所应当发挥的作用。在思考道德的时候，哲学家（或许还包括其他人）倾向于认为，道德的界限是由自我利益的规范性力量和驱动性力量所设定的。在这里（或许比其他地方更明显），哲学家会应用自我利益和道德的二分法来制定框架。然而，正如我们所看到的，这个框架扭曲了事实。对该框架的依赖

---

[8] 我在这篇文章中用了更大的篇幅来讨论有意义和自我利益之间的关系，参见"Happiness and Meaning: Two Aspects of the Good Life," *Social Philosophy & Policy* 14/1 (Winter 1997) 207—225。

不仅会导致我们对自身兴趣的价值产生误解，而且当我们受自身兴趣的驱使而采取行动时，我们还会对这些行动产生误解，因为该框架只会关注这些行动是否有助于促进幸福或道德价值。此外，对该框架的依赖还会导致我们的许多兴趣显得与它们应得的评价不匹配：要么显得更加自私，要么则显得更加高尚。

说来也怪，我们在实践中似乎确实意识到：那些促进意义的活动和那些仅仅促进自我利益的活动在我们的道德判断中是不一样的。比起人们去追求纯粹而简单的幸福，当他们去参与那些可以让自己获得意义的计划或活动时，我们会给予他们更广泛的道德支持。比起为了泡个热水澡而错过办公时间，如果某位女性是因为穿过市区去听一场哲学讲座才错过办公时间，我们对她的批评就会更轻一些（如果她真的应当受到批评的话）；同样地，比起花大量的钱去购买平板电视，如果某位业余的音乐爱好者花了同样多的钱去购

二、"有意义"这个概念为何重要

买昂贵的大提琴，我们指责他的可能性也会更小一些。此外，我们通常认为，为了保护朋友或所爱之人而撒谎与为了保护自己而撒谎在道德上是截然不同的（前者应当受到的谴责程度要更轻一些）。然而，在我们对此类判断的理论讨论中，相关的行为是否会让一个人的生活变得更有意义这一点却常常被掩盖了。更确切地说，我们会夸大个体的行动对行动者本人或对这个世界所具有的价值，或者会诉诸"一个人对自己所负有的义务"这样一种可疑的观念。

虽然很少有道德理论明确意识到那些让我们的生活变得有意义的活动和那些纯粹的自利活动具有不同的道德分量，但这并不会造成特别严重的麻烦。就像我们有理由鼓励人们过上幸福的生活并为他们提供更多机会一样，从道德的角度来看，我们至少有同样多的理由鼓励人们过上有意义的生活并为他们提供更多相应的机会；同理，就像我们有理由认为行动者可以正当地追求自身的福祉一样，我们至少有同样多的理由认为：即便某些价值的来源在行动者自身以外，行动者也可以有正当的理由去实现这些价值。虽然哲学家很少为我们的道德原则的内容明确地制定出一个承认意义具有特殊地位的框架，但我们并没有显而易见的理由认为哲学家**无法**制定出这样一个框架。

然而，意义在一个人的生活中所发挥的作用，与一个人对那些给他的生活提供意义的事物的依恋（attachment）所具有的特征，这些东西不仅对道德的内容会有影响，而且对道德在我们生活中的位置也有影响，并且这些影响更难以纳入道德理论当中。伯纳德·威廉斯是当代少数几个注意到意义与道德具有独特相关性的哲学家之一，他将这个问题生动地展现在我们面前。

众所周知，威廉斯指出道德与意义之间会有某种冲突，他批评效益主义者和康德式的道德主义者都没有意识到这种冲突的可能性及其性质。

二、"有意义"这个概念为何重要

在《效益主义批判》中,威廉斯让我们来思考这样一个人:"他在某些情况下会在内心最深处认真对待某些计划和态度,并且认为他的生活是由这些计划和态度构成的,他的行动也来源于此。"威廉斯继续写道:"当效益计算系统算出总和时,要求他放弃自己的计划和决定,而认可效益主义计算所要求的决定,这会是一种荒谬的要求。"[9] 在之后的一篇文章中,威廉斯继续论证道:"虽然康德主义者可以(比效益主义者)做得更好,但仍然无法做到足够好。因为如果那种冲突真的发生了,康德主义者一定会要求不偏不倚的道德获胜;而这不可能必然是一种对行动者的合理要求。当一个人只有拥有某个东西才会对活在这个世界上产生某种兴趣时,若以道德行动者的世界所具有的那种不偏不倚的良好秩序的名义,让他放弃

---

[9] J.J.C. Smart and Bernard Williams, *Utilitarianism: For & Against* (Cambridge: Cambridge University Press, 1983) 156.

这个东西，这在某种情况下对他来说是非常不合理的。"[10]

尽管大多数哲学家都愿意承认威廉斯的批评有一定道理，但很少有人接受他的结论。在回应威廉斯的过程中，许多哲学家都认可这个观点：道德当然应当考虑到行动者所可能做出的牺牲，并且我们在权衡这些牺牲的时候必须考虑到其他人的目标和利益——"其他人"在这里指的是道德想要关注并加以保护的那些人。然而，大多数哲学家都认为，只有某些界限以内的事情才是一个人在道德上被允许去做的，而如果这个世界将某个人置于这样一种处境，即他只有跨越这些界限才能够继续执行某个"他在内心最深处认真对待"的计划，那么道德就必须坚守自己的阵地。这些哲学家会指出，毕竟一个人的根本计划仍然

---

[10] Bernard Williams, "Persons, Character and Morality," in *Moral Luck* (Cambridge: Cambridge University Press, 1981) 14.

二、"有意义"这个概念为何重要

只是他自己一个人的根本计划,而当一个人追求自己的兴趣会干扰到其他人时,无论他的兴趣具有多么根本的地位,我们在权衡这些兴趣的时候必须考虑到其他人的利益和权利。

在我看来,威廉斯的论述表明了道德主义者未能理解自我利益与意义之间的差异,而上述对威廉斯的回应虽然并非完全错误,却没有把握到威廉斯的要点。正如威廉斯本人所指出的,其中一个差异就在于意义与拥有活下去的理由之间具有特殊的联系。那些给我们的生活提供意义的事物也给了我们活下去的理由,即使在某些时候,如果只考虑我们自己的话,我们并不在乎自己是生是死。或者说,那些给我们的生活提供意义的事物也给了我们活下去的理由,即便在某些时候,我们自己的福祉前景黯淡无光。事实上,那些给我们的生活提供意义的事物为我们提供的理由可能不止于此。正如加缪所指出的,一个事物若值得我们为之而活,也就值得我们为之而死。[11]如果没有那些给我们的生活提供意义的人、东西和活动，我们可能就不会对这个世界产生任何兴趣。

此外，我们已经看到，我们的兴趣和关系之所以会给我们的生活提供意义，是因为这些兴趣和关系的对象具有独立的价值，使得我们可以跳出自我的范围，以积极的方式跟一个更大的社群或世界联系在一起。当我们产生了这些依恋，出于对那些对象的爱或激情而采取行动（或想要采取行动）的时候，我们这么做并不完全（或主要）是为了我们自己（因此，甚至不是为了能够过上有意义的生活），而至少在某种程度上是为了我们所爱的那些人、那些计划或那些价值。

如果我们把这些特征牢记在心，就可以看到道德主义者的这种要求，即"行动者应当为了道德而牺牲掉那些给他的生活提供意义的东西"，

---

[11] Albert Camus, *The Myth of Sisyphus and Other Essays* (New York: Alfred A. Knopf, 1955).

二、"有意义"这个概念为何重要

很容易变成一句空话。首先,当道德主义者建议一个人必须为了道德秩序而牺牲自己的利益时(要做到这一点当然很难),他们忽略了这样一种可能性:行动者可能不会把他被要求去采取的那个行动看作是在"牺牲**自己的利益**"。确切地说,行动者之所以想要采取另一个不同的行动,很有可能是因为他认为该行动或它的目标具有独立的价值。其次,一旦行动者没有理由去做某些特定的事情,他就会对这个世界完全失去兴趣,从而会对这个世界的道德秩序完全失去兴趣,在这种情况下,我们很难看出为什么坚守道德秩序的理由会压倒他做这些事情的理由。

一般来说,人们有很多理由希望做个有道德的人:他们对其他人有同情心;希望与其他人在公开和平等的条件下一起生活;希望可以向自己所影响的人证明自己的行为有合理的依据;而且同样重要的是,道德往往与自我利益保持一致。然而,如果道德要求一个人去做某些事情,并且这些事情会剥夺他对这个世界的所有兴趣，那么这将损害这些理由的可靠性。我们很难看出为什么这些理由仍然应当压倒一切。

这并不是说我们应当修改道德的内容，从而**允许**人们可以为了保持某种兴趣而做任何必需做的事情——哪怕这不是为了让他们对自己的生活产生兴趣，至少也是为了让他们对这个世界产生兴趣。我们最好把威廉斯的看法理解为，他关注的并不是道德的内容，而是道德在一个人的生活中所应当占据的地位。

道德主义者（包括绝大多数道德哲学家）倾向于认为，道德应当在一个人的实践观念和评价观念中占据首要地位，它应当作为一个检验器无条件地发挥作用，而正派人士的所有选择都必须通过这个检验。然而，在威廉斯看来，这种观点毫无根据。在我之前引用的那个段落中，威廉斯认为，当道德和意义最终发生冲突的时候，要求道德必须获胜，这是"荒谬的"，或者说至少是

二、"有意义"这个概念为何重要

"不合理的"。[12]

威廉斯给我们留下了这样一个结论：期待人们做个有道德的人，并非在所有情况下都是合理的。由于威廉斯本人并没有对意义进行分析，因此在许多人看来，他的这个结论要么在道德上具有颠覆性，要么则非常令人沮丧。然而，如果我关于意义以及我们对意义的兴趣的理解是正确的，我们就可以从一个不同的角度来看待他的结论。

我已经指出，意义来源于我们积极参与一些值得参与的计划，并且那些计划会以积极的方式将我们和我们的世界联系在一起。即便我们从外部的视角来看待自己，这种意义观也可以让我们看到，我们的生活不仅重要，而且也有价值。然而，我们除了运用这种外部的视角来评估我们的

---

[12] 威廉斯在《道德运气》一文中讨论了安娜·卡列尼娜和高更（在虚构的语境下），我们可以把他们的处境当作两个体现这种冲突的例子。参见 *Moral Luck*, fn 10, above。

生活有没有意义，可能还会认为道德判断也是由某种外部的视角产生的，但我们并不清楚这两种外部的视角需不需要是同一种视角。至少按照我对道德的理解，道德主要涉及将这样一个事实融入我们的实践观念：我们每个人（或者说每个主体）都与其他人处在一个共同体当中，并且其他人与我们具有平等的地位。道德要求我们在采取行动以及约束自己的行动时，应当向其他人表达尊重和关心，从而使得我们有权利要求其他人给予我们相同的尊重和关心。然而，从另一种视角来看（这也许是一种更加外在的视角），道德所涉及的要求和利益并不是绝对的。当我们不是从我们在人类或有知觉的生物共同体中的位置来看待自己，而是从我们在宇宙中的位置来看待自己的时候，一个人有没有服从道德约束，这本身似乎只是众多考虑因素中的一个因素而已。

有一种宗教观点认为，上帝的意志可能会偏离人类的道德要求，这种观点也许是上述那种视

二、"有意义"这个概念为何重要

角一个最为显而易见的例子。但正如尼采向我们所展示的那样,并非只有信仰神,我们才能够让这个主张看起来具有说服力,即有某些价值独立于我们的道德价值并且有可能会与之相冲突。此外,道德价值或者那些有道德价值的计划本身也可能会发生冲突。这样一种价值或计划所具有的益处及其值得追求的理由可能与道德本身所要求的目标和原则相冲突。当我们不仅从自身的利益退后一步,而且也从对道德本身的绝对认可退后一步的时候,从这样一种视角来看,如果某种与一个人的生活密不可分的价值或计划(换句话说,该价值或计划给一个人的生活提供了意义)与不偏不倚的道德要求相冲突,那么正如威廉斯所认为的那样,我们就无法保证道德要求一定会获胜。然而,这种视角并非以自我为中心,它所认可的那些价值和理由也并不是自私的表现。这对于我们如何看待意义与道德之间的关系及其冲突的可能性至少会有两点影响。

生活中的意义

60 　　首先，这可能会使得我们以一种比原来更加矛盾的态度来评价那些面临此类冲突的人。人们应当过有意义的生活，也应当在乎这一点，这通常来说会是一件好事，即使这意味着他们有时候可能会有合理的动机去违反道德约束。当人们面临意义和道德之间的冲突，并且他们决定不去做道德所要求的事情时，我们有理由同情他们，在一些情况下，我们甚至有理由心存感激。

　　其次，由于意义具有一个客观（即非主观）的要素，因此当人们主张他们面临着意义和道德之间的冲突时，并非每一个主张我们都得当作真实的主张来看待。一个人无法从毫无价值的计划中获得意义，更无法从完全具有负价值（negative value）的计划中获得意义。因此，无论一个猥亵儿童的人对猥亵儿童有何想法或有何感受，他都无法从这件事中获得意义。我在这里讨论的是这样一些冲突：一个人若要服从道德要求，他就无法维持有意义的生活；而我在前面提

二、"有意义"这个概念为何重要

到的那个关于意义的比例条件,虽然很模糊,但可能会对这类冲突施加进一步的限制。

此外,某项计划之所以会让某个人的生活变得更有意义,在一定程度上是因为他认识到这项计划具有独立的价值,而这一事实可以为我们重新解读这种困境提供依据:按照这种解读,甚至当事人自己也可以走出这种冲突一开始所呈现出来的僵局。假如某位女性从她和她女儿之间的关系中获得了意义,她可能会发现,是否要为了挽救女儿的生命而违反法律是一个难题,并且她的这种观点也许是合理的。但并不是每一个发生在道德与自己女儿福祉之间的冲突都应当被看成是一个困难的抉择。比如说,是否要为了让自己的女儿进入精英私立学校而违反法律,就不应当被看成是一个困难的抉择,即便在某种意义上,这位女性和她女儿之间的关系会因为她的违法行为而有所加强。以一种彻底忽略道德的方式来理解这段关系和她女儿的利益,这种做法可能会损害这两个事物所具有的独立的非主观价值,而一旦

生活中的意义

缺少这种价值,这位女性的行动就无法为她的生活提供意义。在这种情况下,她也许应该尊重道德,而不是自愿放弃道德,这样才能够让这段关系更好地为她的生活提供意义(或许也能够更好地加强这段关系)。

我们不能指望道德和意义之间的所有冲突都能够以这种方式来解决。那些为我们的生活提供意义的事情可能会与道德允许我们去做的事情有所不同,并且这种可能性将永远存在。这意味着道德并不比自我利益更适合作为实践理性的绝对标准。然而,意义以及对意义的兴趣通常会对人们的道德关切起到补充和加强的作用。这是因为,意义要求一个人要认识到某些事物之所以有价值,并不依赖于他自身的兴趣和态度;另外,一个人对意义感兴趣则意味着他有兴趣去实现这样一些有独立价值的目标并给予支持。而道德关切也许最明显也最典型地牵涉到这些有独立价值的目标。虽然可能很少有人会在他们的生活中从"做个有道德的人"这一抽象的计划中获得意

二、"有意义"这个概念为何重要

义——对道德产生激情是一件奇特且令人费解的事情——但很多人（如果不是大多数人的话）会从道德所应当赞许的某些更加具体的计划和关系中获得意义：他们会从做个好的父母、女儿、爱人和朋友，以及从推进或试图推进某些社会目标和政治目标中获得意义。

既然人们想要在自己的生活中获得意义，并且想要维持有意义的生活，如果我们更加关注和重视他们的这种兴趣，那么在我们的实践观念和评价观念当中，道德以及服从道德要求的重要性所占据的地位就必然会有所下降。但我们可以提出理由来证明：这样一来，道德的目标同样也有可能甚至更有可能实现，而且实现这些目标的人将会获得更多的回报，因为他们之所以会去实现这些目标，并不是出于对义务的服从，而是出于爱。[13]

---

[13] 关于意义和道德之间的关系的一个相关讨论，参见 Susan Wolf, "Meaning and Morality," *Proceedings of the Aristotelian Society* 97 (1997) 299—315。

生活中的意义

客观价值观念的必要性

前面最后这些论述不仅要求我们把"有意义"这个概念当作我们生活中的一个价值范畴,而且还要求我们以一种我在这些演讲中所极力倡导的特定方式来理解这个概念:根据这种理解方式,当主观的吸引力与具有客观吸引力的事物相遇时,意义就产生了;也就是说,根据这种理解方式,意义来源于我们积极参与一些值得参与的计划。这种意义观显然依赖于某种非主观价值的观念,因此也要求我们接受这样一些观点:有些计划、关系和活动会比其他计划、关系和活动更好;某些计划和关系的参与者可能会对这些计划和关系的价值持有错误的看法。众所周知,这是一些饱受争议的观点,不管是在世俗的学术作品中,还是在流行文化中,我们都倾向于避开这些观点。我在上一次演讲中提到了一种流行的意义观,即充实论:根据这种观点,当一个人找到自

二、"有意义"这个概念为何重要

己的激情（无论是什么样的激情）并追随这些激情时，他的生活就有意义。我们可以把这种观点理解为它隐含了对客观价值这个观念的拒斥，从而以一种完全主观的方式来理解意义。与此相反，另一种同样也很流行的观点则将意义等同于我们对某种"比自己更大的事物"的参与。但事物的大小为什么会重要呢？这种观点由于完全不提及客观价值，因此也就缺乏必要的资源来应对这一问题所带来的挑战；或者说，这种观点因此也就无法解释为什么照顾一个（比自己更小的）婴儿会有意义，而成为摇滚乐队的粉丝则可能没有意义。

我们之所以避免谈论客观价值，有可能是因为我们想要远离争论，也有可能是因为我们担心自己会变成一个沙文主义者和精英主义者。然而，争论是不应当回避的，尤其在学术活动和公共讨论中就更是如此。而且正如我所论证的那样，相信价值是客观的，这样一种信念不一定就是一种狭隘或带有强制性的信念。即便某个人认为"哪些事物具有客观价值"是一个可理解且至关重要的问题,他也可能会意识到要为这个问题寻找答案,自己所具备的能力是有限的,并且会对此保持适当的谦虚,而且当他要运用自己所认可的某种不完整的初步答案时,他也会保持适当的谨慎。无论如何,我已经论证过,当我们把"有意义"这个概念理解为一种与道德和自我利益都有所不同的价值时,除非我们接受客观价值的观念,否则就无法充分理解"有意义"这个概念。而如果我们无法理解何为有意义的生活,我们对有意义的生活的兴趣就会逐渐减少,最终可能会消失殆尽。

三

评 论

三、评论

约翰·科特[*]

什么东西会让一个人的生活变得有意义？关于这个问题，我认为苏珊·沃尔夫的理论在总体上很有说服力，因此我并不打算批评这个理论。[1] 我想讨论的是，当我们把这个理论应用到

---

[*] 约翰·科特（John Koethe），美国威斯康星大学密尔沃基分校杰出哲学教授。主要研究语言哲学、认识论与维特根斯坦。除了哲学，他也研究文学，而且还创作诗歌。曾获弗兰克·奥哈拉诗歌奖和金斯利·塔夫茨诗歌奖。代表作有《怀疑论、知识与推理形式》《远方的诗：论文集》《维特根斯坦思想的连续性》等学术著作，以及《落水》《莎莉的头发》《第九十五街》《穹顶》等诗集。——译注

[1] 感谢卡拉·巴格诺利（Carla Bagnoli）、汤姆·班贝格（Tom Bamberger）、威廉·布里斯托（William Bristow）、约翰·戈弗雷（John Godfrey）、爱德华·欣希曼（Edward Hinchman）、詹姆斯·朗根巴赫（James Longenbach）、查尔斯·诺斯（Charles North）、苏珊·斯图尔特（Susan Stewart）、亚瑟·萨思玛丽（Arthur Szathmary）和苏珊·沃尔夫，他们都跟我进行了讨论并给出了建议。

某个特定的领域时,它会产生什么样的影响。有些人可能认为这些影响会令人不安,但我有不同的看法。

按照沃尔夫的理论,一个人的生活之所以有意义,是因为他在主观上会认可或热爱某项具有客观价值的计划或活动。这个理论由于具有主观的要素,因此它会把这样一种看起来缺乏说服力的可能性给排除在外,即一个人可能基于某些他没有意识到的理由(比如基于他碰巧产生的有益影响)而让他的生活变得有意义。此外,沃尔夫的理论还要求那项计划必须在客观上有价值,因此这个理论还会认为,如果一个人盲目地热衷于做某些荒诞的事情,比如说他热衷于组装出一个世界上最大的线球,那么这不可能会让他的生活变得有意义。当沃尔夫说某项计划或活动在客观上有价值的时候,她并没有明确说清楚这指的是它属于某一类受到我们重视的计划或活动(比如说,艺术活动),还是该计划或活动已经成功实

三、评论

现或完成了（比如说，它确实产生了具有艺术价值的作品）。我倾向于认为沃尔夫指的是后者，因为她提到了一位被别人蔑视的艺术家，这位艺术家认为自己的作品有价值，并且靠着这种信念继续坚持创作；此外，在其他地方，沃尔夫还提到，假设某位科学家致力于探索某项重大发现，一旦有人比他更早探索出结果，这位科学家的探索就没那么重要了。

拥有一种有意义的生活，这是我们很重视的一件事情。因此，有些人认为，有意义的生活会让我们感到舒适满足，并且有助于提高我们的幸福感。但沃尔夫认为有意义和幸福有所不同，也就是说，有意义的生活和幸福的生活是不一样的。追求一个有客观价值的计划可能会导致牺牲和失望，而这与任何传统意义上的幸福生活都不一致。但在这种情况下，想到自己致力于追求某种有客观价值的事物，因此自己的生活是一种有意义的生活，这种想法看起来至少会给人提供安慰和慰藉。

我猜测，别人会期待我以诗人兼哲学家的身份来评论沃尔夫的演讲，因此我想要重点考虑的是，当我们把沃尔夫关于有意义的生活的观点运用到某些类型的审美计划时，可能会有哪些影响。诗人约翰·阿什贝利（John Ashbery）在20世纪60年代写了一篇关于先锋派的文章，他在这篇文章中评论道，宗教之所以美丽，是因为它们很有可能是凭空创造出来的，并且他认为对于他所讨论的那种艺术而言，也是如此。这种对照确实很恰当，但与阿什贝利有所不同，我觉得那种可能性并没有那么令人兴奋。在现代主义之后，按照某种审美冲动来采取行动会牵涉到"鲁莽"（recklessness），正如阿什贝利所言，这种"鲁莽"使得艺术这项事业本身就包含了失败的可能性。我并不完全清楚该如何描述我心中的那些审美冲动和追求，只能说它们反映了我是一位雄心勃勃的艺术家。当然，就像那个毕生致力于探索

三、评论

某项科学发现却又被别人捷足先登的科学家一样，无论我们追求的是哪一种计划，我们的行动都有可能会失败。但在科学家这个例子中，我们至少清楚要做到哪些事情才能算作成功实现自己的追求，而这一点在我所讨论的审美追求中，恰恰是我们**不清楚**的地方。

让我试着通过一系列的例子来阐明这一点。伯纳德·威廉斯在他那篇关于道德运气的文章中讨论了高更，我会先从这个例子开始。高更抛弃了他在丹麦的家庭，跑去巴黎追求绘画理想。沃尔夫可能会这么说：高更除了有道德理由去照顾他的家庭，他的审美追求也给他提供了理由去追求绘画理想。我们可能会因此而勉强原谅高更的行为。但正如威廉斯所言，假如事实最终证明高更是一个毫无才华的职员，他只是陷入某种妄想（delusion）当中，误以为自己所从事的工作具有艺术意义——他对艺术持有强烈的激情并不意味着这种妄想就不可能发生在他身上——那么我们对高更的判断就会有所不同。这个例子表明，一个人的生活有没有意义，不仅取决于他的追求，而且还取决于他有没有成功实现自己的追求。但这个说法可能也会产生误导作用：由于高更的成就几乎得到了普遍的认可，这可能会让我们认为，有没有成功实现审美目标，通常就像高更的例子那样显而易见。因此，让我们来考虑另外三个例子，在这些例子中，我们会越来越难以确定这些艺术家有没有实现他们的审美目标。

在《宴会岁月》一书中，罗杰·沙特克（Roger Shattuck）描述了一场在1908年为纪念画家亨利·卢梭（Henri Rousseau）而举行的晚宴，晚宴的地点在毕加索的工作室，出席者包括阿波利奈尔（Apollinaire）、格特鲁德与利奥·斯坦（Gertrude and Leo Stein）夫妇、玛丽·劳伦森（Marie Laurencin）和爱丽丝·托克拉斯（Alice Toklas）等人。卢梭目前被认为是现代主义的代表人物之———一个不同寻常的代表人物，但在

三、评论

当时,文艺评论家却指责卢梭的作品带有欺骗性,他们把那场宴会解读成"一种对卢梭的嘲弄,是一场为了让大家开心而让卢梭付出代价的华丽闹剧"。此外,从1908年的眼光来看,卢梭对自己和他人作品的评价——比如他跟毕加索说他们两个人是"这个时代的两位伟大画家,你是埃及风格,我是现代风格"——看起来几乎就是一种妄想,以至于让当时的人觉得后世对卢梭作品的评价不太可能会有所改变。

再让我们来考虑一下法国诗人、小说家兼剧作家雷蒙·鲁塞尔(Raymond Roussel),他的作品细致入微地描述了很多想象中的场景。鲁塞尔的第一本出版作品被别人这么批评过:它"或多或少难以理解",而且"非常无聊"。虽然鲁塞尔仍然在很大程度上鲜为人知,但他拥有一群杰出的拥护者,包括那些超现实主义者,以及安德烈·纪德(André Gide)、让·考克托(Jean Cocteau)、马塞尔·杜尚(Marcel Duchamp)、米歇尔·福柯（Michel Foucault）、阿兰·罗伯-格里耶（Alain Robbe-Grillet）和阿什贝利。这份名单证明鲁塞尔取得了很大的成就，但鲁塞尔对自己的成就有更高的评价，因为他对他的精神科医生皮埃尔·珍妮特（Pierre Janet）说，他跟但丁、莎士比亚不相上下，而且他在写作时必须拉上房间里的窗帘，以免他笔下散发出来的强烈光芒危害到外面的世界。

最后，我们来考虑一下"局外人"艺术家亨利·达尔格（Henry Darger）。达尔格出生于芝加哥，他是一个门卫，过着离群索居的生活。在达尔格1973年去世之后，别人发现他写了一部一万五千多页史诗般的叙事作品《不真实的国度：薇薇安女孩的故事》（*The Story of the Vivian Girls, in What Is Known as the Realms of the Unreal*），其中配有大量的水彩画和素描，从此之后，达尔格声名鹊起。他的作品——尤其是他的绘画和素描——已经产生了相当大的文化影

三、评论

响,比如说,这些作品激发阿什贝利写出了一首长诗《奔跑的女孩》(*Girls on the Run*)——除了他,又有谁能写出这样的诗呢?不可否认,达尔格的作品拥有强大的力量,既天真又邪恶,并且具有鲜艳的色彩和复杂的要素。但他的作品在一些与审美无关的方面会令人不安:他的作品极其暴力,并且在达尔格的描绘下,女孩经常长着男性生殖器,这可能是因为达尔格对这方面不够了解;而且我们并不清楚,在观看这些作品的时候,我们看到的是达尔格实现了他的审美追求,还是他展现了某种令人不安的心理冲动。也许正确的说法是:我们根本无法确定是哪一种情况。

这三个都是极端的例子,我所讨论的这三位艺术家似乎都没有意识到他们有可能受到妄想的影响。但这三个例子阐明了一个事实,该事实在那些更典型的情况下同样也会成立,那就是:从艺术家的角度来看,想要确定自己已经成功实现了某些严肃的审美目标,而不是仅仅在妄想自己

生活中的意义

拥有某些严肃的审美目标并且妄想这些目标已经实现了，这会是一件很困难的事情；而这种困难会让"一个人是在过有意义的生活，还是在浪费生命？"这个问题变得复杂起来。人们会意识到自己有可能会浪费生命，因此我们可以说，人们将不得不在这种可能性的阴影下展开自己的工作。当然，不管人们追求的是什么样的目标，他们都有可能会误以为自己已经实现了目标。我所谈论的各种审美目标之所以独特，是因为它们本身就包含了妄想的可能性，而且从这些目标的本质来看，我们注定缺乏明确的标准来判断这些目标是否成功实现了。斯坦利·卡维尔（Stanley Cavell）在《混乱的音乐》一文中提出了类似的观点，他认为"在体验当代音乐的过程中，欺骗的可能性以及对欺骗的体验都是普遍存在的"，而且在他看来，他所讨论的那些音乐作品在本质上就包含了这种可能性。在20世纪40年代和50年代的时候，很多人都在质疑先锋派的音乐、绘

三、评论

画和其他类型的作品是否真的是艺术（"如果我的孩子不再画感恩节火鸡而去追随先锋派的步伐，那么他也能够画出一样的作品，为什么会这样呢？"），我认为卡维尔是在回应这种质疑——现在回过头来看，这种质疑似乎很古怪。先锋派的作品当然是艺术。但问题在于，是否在任何情况下，艺术都有意义或都有重要性？

我所说的这些既不是想要表明美学价值并不是客观的，也不是想要表明美学价值至少像沃尔夫所认为的那样客观。别人对我的作品或者我对别人的作品所做出的判断，都有可能在客观上是正确的，而我正在讨论的这种自欺或妄想的内在可能性并不一定会对这些判断产生影响。我所说的这种可能性看起来是一种依赖于视角的（viewpoint-dependent）可能性（但卡维尔对欺骗的担忧却并非如此），也就是说，它是一种出现在我作为艺术家的第一人称视角当中的可能性，并且无论是我对自己的审美追求所具有的主观体验，还是其他人的正面评价，都不足以消除这种可能性：因为不管我的作品是否成功，我都可能具有相同的体验；而且（除了可能会像卢梭那样不被同时代人所认可），其他人太容易接受我的作品很有可能意味着我的作品失败了。类似的情况也发生在那些支持怀疑主义哲学的论证当中，这些论证的一个关键前提是我无法排除一些古怪的假设，比如说"我是一个缸中之脑"这样的假设。**你**完全知道我并不是一个缸中之脑，但问题在于，**我**怎么能知道这一点呢？通常情况下，如果你知道某件事并将它告诉我，那么我也能因此知道这件事。但这种方式在怀疑主义的情形中无法发挥作用，同样地，它在审美的情形中也无法发挥作用。不过，我并不想过多强调这种比较，也不想把艺术妄想的可能性仅仅视为某种广泛的怀疑主义担忧的一个特例。这是因为，虽然我可以把怀疑主义的可能性当作一些荒谬的想法，完全不予理会（即使我无法从原则上排除这些可能

三、评论

性），但考虑到艺术创作的本质，我却不能贸然否定妄想或自欺的可能性。

这种可能性会在多大程度上令人不安呢？即使它有可能会导致我无法从一种基于审美追求的生活中获得舒适满足，也无法诉诸那些由审美追求所产生的非道德理由，我也不认为它需要引起人们的广泛关注——它只是一个我不得不面对的困境。（"对我们来说，唯有尝试。剩下的都与我们无关。"——T. S. 艾略特《燃烧的诺顿》）但如果有读者觉得它令人不安，那么在沃尔夫的框架内，我们会有好几种方法来处理这个问题。第一种方法是，我们可以用"某人是否具备某种已被认可的能力"来判断他有没有成功实现审美抱负。第二种方式是用"他是否被一个适当的共同体所接受"来作为判断标准。第三种方法则将判断标准等同于"他是否有助于维持你所从事的艺术事业，无论你自己的作品最终有多重要"。（"……他与别人一起前行，是为了'完成共同的事业'，可他既没有魄力、也没有意愿使用诡计来实现目标。"——阿什贝利《维吉尔之诗》）我并不觉得前两种方法有什么吸引力，而第三种方法则很难说清楚，由于时间的关系，我不会在这里探讨这三种方法。相反，我将以一件能起到说明作用的轶事来结束我的评论。1968年，我驾车穿越美国，经过爱荷华城的时候，我停下来去看望泰德·贝里根（Ted Berrigan），他那时刚在"爱荷华作家工作坊"开始进行为期一年的教学工作。在那段时间，学术诗歌和非学术诗歌之间确实有区别（不过我认为现在已经没区别了）。而贝里根不仅是纽约诗派（New York School）的第二代诗人，也是该诗派的核心人物，因此他写的诗属于典型的非学术诗歌。但令人奇怪的是，贝里根任教的地方却被很多人认为是学术诗歌的一个主要培训场所（这种看法也许并不准确）。我自然而然想要了解他对学生的看法。他说，他的学生很好，只是他们都想成为小诗人，在他看

三、评论

来,这暴露了他们极其缺乏雄心壮志。然而,具有讽刺意味的是,贝里根在1983年去世了,到头来他也是一个小诗人——我把"小诗人"当作一种高度的赞扬。大诗人之所以是大诗人,是因为他们取得了非凡的成就,并且影响深远,但成为一个经久不衰的小诗人——而不是仅仅成为某个时期和环境的代表人物——也是一项巨大的成就。尽管如此,我仍然不清楚贝里根会从中获得多大的满足。

74

罗伯特·M. 亚当斯[*]

当人们在讨论某个人的生活时，无论他们指的是在某个特定的时期还是把这个人的所有经历当作一个整体来看待，他们经常会说这个人的生活是有意义的或无意义的，或者说他的生活有意义或缺乏意义。我们在用这些词语来思考的时候，几乎总是希望在我们的生活中找到意义；我们并不希望自己的生活毫无意义。尽管有意义的

---

[*] 罗伯特·M. 亚当斯（Robert M. Adams），美国北卡罗来纳大学教堂山分校杰出哲学教授。主要研究伦理学、形而上学、宗教哲学与现代哲学史。曾任教于密歇根大学、加州大学洛杉矶分校、耶鲁大学与牛津大学。1991年当选为美国人文与科学院院士，2006年当选为英国国家科学院院士。代表作有《信仰的德性》《莱布尼兹：一个决定论、有神论和观念论的支持者》《一种德性理论》等等。——译注

三、评论

生活显然对人类极其重要,但哲学家——至少在英语世界里——却很少发表著作来讨论有意义的生活。对我们来说,"有意义的生活"这个概念就像一个难以剥开或难以撬开的坚果。

上述这种概括也有例外,其中最令人欢欣的是,苏珊·沃尔夫针对"生活中的意义"提出了她自己的理论。她认为,"如果一个人爱某些值得爱的对象,并且以积极的方式参与跟这些对象相关的事情,那么他的生活就有意义"。这在我看来是一个正确且富有洞见的观点。而且这个观点看起来也很有用,它可以在我们思考这个困难的主题时,为我们提供一条前行的道路。

沃尔夫认为,生活中的意义既有主观层面,也有客观层面。之所以有主观层面,是因为它牵涉到爱和积极的参与,而之所以有客观层面,则是因为当一个人以有意义的方式去热爱某些东西时,那些东西必须值得爱,必须具有独立于他自身的价值。沃尔夫理论的另一个有趣而重要的结构特征是,她坚持认为,意义提供了一种评价生

生活中的意义

活的视角,该视角与自我利益和道德所提供的视角都不一样。有意义的生活既不等同于幸福的生活,也不等同于有道德价值的生活。

一

我首先想要探讨的问题主要与沃尔夫理论的主观层面有关,尤其是这样一个问题:她有什么理由不主张,从主观层面来看,想要在生活中获得意义,唯一的要求是热爱某些东西,并基于爱的理由而采取前后一致的行动。她为什么要添加与充实感相关的要求呢?这一点对我来说是不清楚的。

当一个人成功执行他的主要计划时,如果这意味着他完成了自己所热爱的目标,那么这在某种程度上就可以让他的生活获得意义。我们似乎有理由认为,你有没有成功执行一个主要计划,比如说,你有没有在死之前完成你的巨著,可能

三、评论

会对你的生活的意义产生影响。这并不是说，如果你的计划没有完成或者失败了，那么这个计划——甚至你的整个生活——就一定没有意义。我们很可能会认为，"哪怕爱过却又错失所爱，也比从来没有爱过更好"。然而，我们似乎有理由认为，完成一部巨著可能会让一个人的生活**变得更加有意义**。"一个知识分子的生活有什么意义"肯定会受到"他实际上写完以及出版了哪些作品"的影响。

虽然成功和失败会对一个人的生活的意义产生影响，但我认为，一个人的生活可以从一项失败的计划中获得最有价值的意义。耶稣被钉死在十字架上而没有完成他的计划，他的失败在我们的文化传统中就属于这样一种有意义的失败，是这种失败的一个典型例子。另一个可能相关的例子来自克劳斯·冯·施陶芬贝格（Claus von Stauffenberg）——这个例子与我们的主题产生了某种有趣的联系：施陶芬贝格想要将德国从纳粹的手中拯救出来，他最终试图在1944年7月20日暗杀希特勒并领导政变。但他的计划失败了，从而导致数百人——包括他自己——断送了性命。然而，大多数了解施陶芬贝格的人会认为，他的生活非常有意义，尤其在他生命的最后一年左右更是如此——这种观点在我看来是正确的。

施陶芬贝格本人最终是否认为，尽管他的计划失败了，但他的生活会因为他的计划而变得有意义？从我读到的关于他的资料来看，几乎可以肯定他确实认为他的生活因为他的计划而变得有意义。但是，让我们假设他并没有这么认为。更确切地说，让我们假设在他失败的那一刻，他非常失望沮丧，以至于他认为自己的生活毫无意义。在这种情况下，我们应不应该得出结论说：他的生活确实毫无意义？我认为这个结论非常没有说服力。

我之所以提出这个问题，是因为沃尔夫认为，当一个人参与到"比自己更大的事物"当中

三、评论

时，如果他没有**觉得**这种参与是有意义的，也就是说，如果这种参与没有给他带来这样的"回报"，那"我们就不清楚这种参与会不会给他的生活带来意义"。如果这意味着除非一个人在回顾自己生活的时候，会认为自己的生活有意义，否则他的生活就没有意义，那么我将不同意这种观点。当然，回顾式的视角并不是评估一个人的生活有没有意义的唯一视角。假设我以这样一种方式在热爱某些事物：不仅由这种爱所产生的目标对我来说是合理的，而且我还根据这些目标采取了行动，并且认为这些目标值得我采取行动。如果爱到这种程度，我认为，当我正**在**过这种生活时，我会觉得我的生活是有意义的，无论我将来在回顾的时候会如何看待它。我倾向于认为，除非爱以上述这种方式给一个人提供了某些对他来说合理的目标，否则爱就无法给他的生活带来意义。我认为这也是沃尔夫的想法。

然而，我并不认为，意识到一个人的生活有

意义，或者说觉得一个人的生活有价值，需要牵涉到**美好的感受**；无论是在回顾生活的时候，还是在采取行动的那段时间，在我看来都是如此。施陶芬贝格在7月20日深夜被迫承认他推翻纳粹主义的密谋失败了，他当时有什么**感受**呢？人们对此并没有太多的了解。有个当时跟他交谈过的人认为，他看起来处在一种"难以形容的悲伤"之中。[1] 在那种情况下，巨大的悲伤当然是一种恰当的反应。但这并不意味着，他不应该认为自己的生活——以及他为了将自己的国家从纳粹手中拯救出来所付出的努力——是有意义的。

　　态度和感受可能会很复杂。施陶芬贝格在意识到他的计划失败的时候，可能会为德国接下来的命运感到非常难过。与此同时，他可能还会想

---

[1] Peter Hoffman, *Stauffenberg: A Family History*, 1905—1944 (Cambridge University Press, 1995) 276. 迪莉娅·齐格勒（Delia Ziegler）是一名秘书，曾经与施陶芬贝格在同一间办公室工作过。作者总结了齐格勒的报告。

三、评论

到"至少我不必鄙视自己，我已经尽力了"。这种想法可能会给他提供一些慰藉。但慰藉与充实感不一样，它并不需要让人在总体上拥有美好的感受。这一点非常重要。因为生活中的积极意义具有这么一个极其美妙的特点：即便一个人没有实现他的希望和计划，也没有拥有美好的感受，他也可以在生活中获得积极的意义。

我承认，一个人的**某些**感受可以影响到他的生活的意义，或者可以成为这种意义的一部分。当一个人热爱某些事物时，这种爱若要成为意义所包含的要素，那么他会为哪些事物感到开心，又会为哪些事物感到伤心，就都应当与他的认可相一致。在这些情况下，感受的意义取决于它们的意向性（intentionality）：关键在于一个人会对哪些事物产生美好或糟糕的感受。但是，美好或糟糕的感受并不一定具有意向内容。一个人在感到"兴奋"或沮丧的时候，他的这些感受有可能并没有明确针对任何事物。那些没有意向内容的

79

感受——无论美好还是糟糕——会让一个人的生活变得有意义或无意义,这看起来是一个非常不可靠的观点。

二

在这一点上,我认为,生活中的意义与其他类型的意义——比如说词语的意义、文本的意义、我们想要说什么(what we mean to say)和我们想要做什么*——存在着某种重要的相似之处。沃尔夫并没有提出这些问题,这对她来说可能是一种明智的做法。语词可以具有不同的意义,并且这些意义彼此之间可能缺乏任何有趣的联系,这一点对于"意义"这个词来说,也有可能是成立的。人们确实会以某种方式来讨论有

---

*"Meaning"由"mean"派生而来,而"mean"在作为动词的时候,则有两种与本文相关的不同含义:(1)意味着……,意思是……;(2)想要,打算,意欲。——译注

三、评论

"意义"的生活，而沃尔夫的理论为这种意义提供了一个富有启发的解释；无论这种意义与"意义"的其他意义之间是否存在着某种有启迪作用的相似之处，她的理论都会给人带来启发。然而，事实上，我认为有一些相似之处值得我们注意。

其中一个相似之处与意向性相关。"你的**意思**（what you mean）"其实就是"你的**意图**"。说"你**想要**去做某件事情"，就等于说"你**有意**去做某件事情"。说"当你在某个语境中提到'他很酷'的时候，你的**意思**是这个人很有魅力"，就相当于在说"你**有意**去表达这种认可"。从一个更普遍的语义学角度来看，我们的语言的意思是什么，取决于我们的语言与它所涉及的内容如何产生联系。我们把这种认知内容——也许是在隐喻的意义上——当作一个意向性问题来讨论，至于语言伸展出去所试图抓住的东西，则被我们称为它的"意向对象"。

生活中的意义

一个值得探究的假说是：从主观层面来看，生活中的意义是一个意向性问题。这个假说在很多重要的方面与沃尔夫的观点相一致。爱当然是一种意向态度。同样地，沃尔夫说充实感具有"一种认知成分"，但"吃一个熟得刚刚好的桃子"这样一种"很强烈的快乐"则不具有这种成分。在我看来，意向内容就是沃尔夫认为吃东西的快乐所缺乏的那种成分，如果吃东西的快乐在一定程度上也涉及将某种事物当作一种客观上好的事物，那么这种快乐就会有意向内容。

生活的意义和言辞的意义之间的第二个相似之处与**交流**相关。无论是针对某个人的口头陈述还是针对某个人的生活，人们都可以问这对**其他**人意味着什么。当一个人在过某种生活的时候，按照他对这种生活的理解，这种生活对他来说意味着什么，这个问题大概属于我们这个主题的主观层面。而他的生活对其他人意味着什么或者说给其他人传达了什么意义，这个问题或许应该被

三、评论

视为属于这个主题的第三个层面,即**主体间的**(intersubjective)层面,而不是纯客观的层面。这可能是生活意义的一个非常重要的方面。克劳斯·冯·施陶芬贝格在这里也为我们提供了一个例子。施陶芬贝格和他的同伴似乎希望他们的行为会向其他人传达某种意义,在很大程度上,正是这种意义给他们提供了动力。他们相信,即使他们反对希特勒的密谋无法成功,也应当为了德国的荣誉去尝试一下,以此向世界表明,有一些德国人已经站起来反对希特勒的罪行。[2]

第三个相似之处与**理性结构**或**理智结构**相关。一句话或一个文本的意义在很大程度上是由其结构的各个方面来决定的。理性或结构的不一致和无意义之间并没有明确的分界线。对生活中的意义而言,似乎也存在类似的情况:如果一个人的主要目标彼此不一致,或者这些目标没有在足够长的一段时间内保持稳定,或者他没有将这

---

[2] *Stauffenberg*, 238. 243.

些目标付诸行动，那么他生活中的意义似乎就会遭到破坏。我认为这一点会得到广泛的认可。

我还想提及一个也许没那么容易得到认可的观点，因为我认为它值得认真对待，这个观点指的是：虽然某些发生在人们身上的事情并非由他们自己的选择造成的，但这些事情仍然可以通过某种结构性的方式让他们的生活变得有意义或无意义。再举一个二战时期的例子：海因里希·伯尔（Heinrich Böll）的《亚当，你在哪儿？》（*And Where Were You, Adam?*）一书描述了东线战争的最后阶段，按照这本书的描述，我们可以说，撤退的德国士兵的生死就毫无意义。说他们的生死毫无意义，我在这里主要考虑到的是：在这个故事里，德国的战争机制处于崩溃之中，它给那些士兵施加的命令和行动不仅任意武断，而且也缺乏连贯的目的。在我看来，这个故事很有说服力地展示了一种极有可能出现在生活当中的无意义，普通士兵当然也要对这种无意义负责，但他们中的大多数人绝对不应当承担主要责任。毫无疑问，一个人的生活中之所以会出现这种无意义，也是因为他自己缺乏连贯的行动目标。但是，如果一个人的社会环境缺乏连贯的意义，那么他就很难围绕连贯的目标来组织自己的生活，对很多人来说，这甚至是一件不可能的事情。如果我们的生活有意义，那么这种意义并不是完全靠我们自己创造出来的。

三

最后，我想谈一谈沃尔夫理论的**客观**层面。我会把这样一个可供讨论的问题搁置在一边：某个人的生活（例如希特勒的生活）有没有可能是有意义的，只不过那种意义在客观上是坏的而不是好的？我想集中精力讨论沃尔夫的这个主张，即那种对生活的意义至关重要的客观视角与不偏不倚的道德视角有所不同，尽管它们并非毫无关联。我想要强调两点：第一，要接受这个主张，我们可能会碰到某个难题；第二，我认为我们还是可以发现这个主张具有某种非常重要的吸引力。

施陶芬贝格又为我们提供了一个合适的例子。我当然认为，从不偏不倚的道德视角来看，我们**可以证明**施陶芬贝格反对纳粹主义的行为是**正当的**——我觉得这一点也会得到沃尔夫的认可。施陶芬贝格之所以那么做，是不是为了满足不偏不倚的利他原则和关切呢？当我们追问这个问题的时候，沃尔夫希望引起我们注意的那种差异就会变得很奇怪。而追问"是不是不偏不倚的利他**动机**驱使他那么做？"，则会让那种差异变得更加奇怪。施陶芬贝格的核心动机是什么，爱在他的计划中占据着中心位置吗？从我读到的大部分关于他的资料来看，他的核心动机是**爱国**：他那么做是因为他爱德国，而不是因为他以不偏不倚的方式在爱整个人类。

三、评论

这并不是说他的爱国之情与道德无关。他的基本动机是：他厌恶纳粹的罪行。[3]然而，他是基于爱国的考量而认为这些罪行在道德上是错误的。他觉得这些罪行是德国的耻辱，德国需要对此做出回应。此外，他不仅希望将德国从反人类的罪行中解救出来，而且也希望将德国从纳粹战争中解救出来：和大多数德国军事领导人一样，他认为纳粹战争导致德国正在陷入一种灾难性的失败当中。这些动机都不是**不偏不倚**的利他动机。但这并不意味着，他所热爱的东西**不**具有沃尔夫所说的那种客观价值——按照沃尔夫的理论，她所说的那种客观价值是生活中的意义在客观层面上的核心要素。

对自己国家的热爱是一种在道德上很危险的爱，因为这种爱已经激发了大量的错误行为和愚蠢行为。爱国真的具有足够的客观价值，从而可

---

[3] 包括对犹太人的迫害，以及针对波兰人和其他东欧人的罪行。例如，参见 *Stauffenberg*, xiv—xv, 226, 283。

以满足沃尔夫关于客观层面所提出来的标准吗？在某种程度上，爱国当然可以满足沃尔夫的标准，因为通常来说，一个人之所以爱国，在很大程度上是因为他关心自己的家人、朋友以及其他跟他一起生活过的人，并且关心自己所继承的文化传统的优点。这里面有很多客观、积极的价值。施陶芬贝格会为纳粹的罪行感到羞耻，这体现了他对自己国家的热爱，当我们从伦理的维度来思考这样一种爱的时候，我们很难否认他的爱国之情具有某种积极的价值，可以让他维持一种有客观意义的生活。

然而，我们仍然可能会在道德上对施陶芬贝格的爱国之情感到有些不安。他的爱国之情不仅激发他去执行反对希特勒的密谋，而且也激发他去为纳粹政府所发动的军事侵略效力。如果我们深入了解他对自己国家的期望，我怀疑大多数人对他的一些目标最多只会感到很矛盾。(当然，或许我们也应当以相同的态度来对待自己生活中的

三、评论

某些事情。)施陶芬贝格本人估计会对自己的道德表现感到很矛盾。当德国的官员声称为了德国的利益而犯下某些罪行时，按照施陶芬贝格对军官职责的理解，他肯定会为这些罪行感到愧疚。"他们没有及时去反抗邪恶"[4]这样一种愧疚感看起来在某种程度上为他和他的同伴提供了动力。

愧疚在这个故事中的作用表明了生活中的意义和德性之间存在着一个重要的区别。我把有关德性（或恶习）的判断当作是在评估一个人在某个特定时间的性格。尽管我们可以通过叙事来揭示某个人所具有的德性或恶习，但德性和恶习本身并不具有叙事结构（narrative structure）。然而，有关生活中的意义的判断所评估的却是某种具有叙事结构的事物。即便某种生活叙事（life-narrative）作为一个整体具有非常积极的意义，它也可以包含某些有负价值的事物。比如说，它可以包含愧疚，将其视为愧疚和赎罪的叙事结构的

---

[4] *Stauffenberg*, xiv.

一部分。

无论如何,施陶芬贝格的爱国之情都不是一种**不偏不倚的**道德德性。但是,我们在客观地评估其生活的意义时,不应该让前面这个判断分散我们的注意力,而是应该把焦点放在这一点上(按照我的看法):在他生命的最后几个月,有某些显著的客观价值出现在他的处境之中,而他非常出色地回应了这些客观价值。施陶芬贝格当时所处的环境非常糟糕,大多数置身其中的人不得不做出某种程度上的不道德行为。他在这种环境下发现了另一条路,这条路至少有一丝希望可以给他的国家带来一个更好的未来——它在道德和其他方面都会比他的国家正在走向的那个未来更好。施陶芬贝格的爱国之情为他沿着这条路前进提供了动力,尽管当时也有许多德国官员至少隐隐约约地意识到该做点什么,但施陶芬贝格不仅勇气十足,而且精力充沛、坚韧不拔、足智多谋,他在某种程度上是独一无二的。我觉得这非常有意义。如果我认为自己有资格看不起施陶芬贝格，那我就太不要脸了！在这种环境下，正如沃尔夫所倡导的，我们尤其应当意识到有某一类非常重要、有积极意义的生活是通过爱的动机而不是通过不偏不倚的道德动机来回应客观价值的。

诺米·阿帕利[*]

我想给苏珊·沃尔夫鼓掌,因为她站在一群从事跨学科研究的人面前宣布:**我正在进行一项据我所知没有实用意义的研究,并且我为此感到自豪**。哲学(即便是有关人类价值的哲学)需要我们从实用方面为其辩护,这就像鱼需要自行车一样——就此而言,所有对普遍知识和思想的追求,都是如此。事实上,我们之所以与其他类人猿有所不同,原因之一就在于我们能够而且也往

---

[*] 诺米·阿帕利(Nomy Arpaly),布朗大学哲学教授。主要研究伦理学、道德心理学、行动哲学和自由意志。曾任教于密歇根大学安娜堡分校和莱斯大学。代表作有《无需原则的德性:对人类能动性的探究》《优绩、意义与人类束缚:自由意志论文集》和《欲望之颂》(合著)等等。——译注

三、评论

往会追求一些与实用无关的兴趣,我们的这种能力和倾向是真正的无价之宝。

这让我们联想到另一件我想感谢沃尔夫的事情。我想感谢她直接提醒我们:我们的动机并不局限于这两个常见的备选项——自我利益和道德义务,而且我们基于这两者以外的其他动机来采取行动的情况并不少见。还有其他一些事物本身也是人们会在乎的,这既包括真与美,也包括新英格兰爱国者队[*]。有人可能认为这个观点很简单,但这种看法忽略了这个重要的事实,即我们中有许多人在写作的时候会忽视这个简单的观点,就好像它完全不存在一样——也许他们是从康德及其对义务和倾向的夸大其词中获得了启发。这种忽视让我感到特别惊讶,因为虽然出于非道德、非自利的理由而采取行动对所有人来说

---

[*] 新英格兰爱国者队(New England Patriots)是一支美式橄榄球队,其主场位于美国马萨诸塞州的福克斯堡。——译注

生活中的意义

都很常见,但还是经常会有人问我们这些哲学家:"你们到底为什么要研究哲学?"甚至在哲学同行之间,我们也逃避不了这样的追问。一位写时间旅行悖论的哲学家若处于健忘的时刻,很遗憾,他可能就会缺乏同理心,会大声地追问为什么他的同事会对指示词这样一个晦涩的主题感兴趣。而当那些更加传统的劳动力群体向我们(以及向鸟卵学家)提出这种"为什么"的问题时,这不断地在提醒我们:"我们是因为热爱才做这些事情的。"这里的"我们"指的是"每一个人",这句话来自《歌舞线上》*里面的人物,他们在思考的是自己为什么要追求一种贫困的演员生活。

我想质疑的是沃尔夫的这个主张:为了给我们的生活提供意义,客观价值发挥了必不可少

---

*《歌舞线上》(*A Chorus Line*)是一部于1975年开演的百老汇音乐剧,描述了一群舞蹈演员在百老汇为追求明星梦而参加选拔的过程。——译注

三、评论

的作用。假设有人通过以下这种思路采纳了充实论：如果这个人最在乎的那十种事物和他一直在做的事情以某种恰当的方式联系在一起，那么他的生活就有意义，而如果这个人最在乎的那十种事物和他一直在做的事情没有任何关系，那么他就会面临中年危机。对此，沃尔夫增加了一个限制条件：那十种事物应当具有一定的客观价值（不管有多少种都一样）。她通过她的金鱼案例来表明这个限制条件与我们的直觉相符合：如果我最在乎的是我的金鱼，只有照顾我的金鱼才能给我带来充实感，那么即便我因此感到非常充实，我也依然过的是一种无意义的生活。致力于做一些不值得做的事情不会给我的生活带来意义。我并不打算**批评**这个主张，只是想指出支持充实论的理论家可以通过哪些方式来解释这个金鱼案例，以及解释为什么我们会带着同情的眼光来看待金鱼偏执狂的生活，这些理论家既不需要否定我们的同情，也不需要诉诸某些不在其理论图景

生活中的意义

当中的客观价值。

有个正常的成年人从养金鱼中获得了充分的满足感,对此我的看法是:这样的人是不存在的。也就是说,并没有这样的人。毫无疑问,确实有人会声称、相信甚至觉得只有他的金鱼能让他的生活变得有意义。毕竟,金鱼的案例与许多真实案例并没有太大的不同,在这些真实案例中,很多人将他们生活中的所有意义都归功于某只可爱的狗或优雅的猫,他们有时候还会说自己的生活之所以有意义,是因为这只毛茸茸的动物发挥了极大的作用,但即便他们讨论的是成年的后代,这听起来也有些夸大其词了。你不相信的话,可以访问一下这个网站www.marryyourpet.com。如果你像许多其他人一样,意识到比起任何人类伴侣,你和宠物之间的关系给你带来了更多的收获,那么你和你的宠物就会被邀请到这个网站结婚。结婚的页面会装饰爱心和花朵,还会有幸福的配偶发表充满激情的感言:他们曾经很难在自己的生活中找到充实感，**直到**他们找到了自己的狗……

但是，如果我们遇到沃尔夫所说的金鱼偏执狂和她在现实生活中的同类，我们并不会相信他们的感言，即使我们在其他方面往往会相信人们对自己的评价。这是为什么呢？从网页上跳出来的第一个答案是：因为他们受到了迷惑。与基本价值无关，他们是被事实迷惑了。也就是说，他们会说出这样的话："看吧，我的金鱼知道我在说它"或者"除了我的猫，没有人会理解我"。这些说法并不符合我们对猫和金鱼的大脑的认识。这种错觉还可以变得更加离谱：例如，那些与宠物结婚的人必须认为他们的宠物能够以恰当的方式答应他们的求婚，并且能够尊重人类的仪式。这又是一种对猫和狗的严重误解——对金鱼的误解就更加严重了。即使金鱼偏执狂没有公开说出诸如此类带有错觉的话，我们也会怀疑她对某些事实有所误解。为什么呢？因为在金鱼偏执狂的生活中，她似乎有一些基本的人类需求没有得到满足，我们都知道有一些东西是充实感所必不可少的，但她的生活缺乏这些东西。例如，除了严重的自闭症患者，其他人如果没有与别人建立亲密的关系——无论是友情、浪漫的爱情、性吸引、亲子关系、群体认同，还是小规模的日常亲密互动（比如一起玩耍）——他们获得充实感的可能性会有多大呢？此外，我们还要考虑到金鱼偏执狂的大部分大脑仍然未被使用。她没有体验到学习所带来的满足感，甚至没有体验到逐渐变得更擅长某项工作所带来的满足感，也没有体验到做一些被其他人欣赏的事情或者做一些值得为自己的技能感到自豪的事情所带来的满足感。她的基本情感需求，甚至是那些非常普遍、独立的情感需求，仍然得不到满足。如果她依然说她感到很充实，那么我们会想要知道，她是不是严重抑郁了，已经忘了充实感是什么感觉。是不是她的上一个计划或前一段关系失败了，并且这给

三、评论

她带来了过多的焦虑,以至于她想要自欺欺人地认为,她无需尝试任何具有挑战性的事情,也可以过得很好?是不是她参加了某种要求她盯着金鱼看的佛教实验或艺术项目,只不过她不愿意告诉我们而已?或者我们也可以选择直接接受她的说法,即她确实感到很充实,也很满足,但这意味着我们认为她很不符合我们对健康成年人的看法,以至于我们可能需要全面修正我们对人类这个物种的看法。

我们当然可以试着想象,在某种情况下,虽然某人的生活围绕着照顾金鱼打转,但这种生活并不是由这些糟糕的原因造成的。比如说,假设有个智障儿童,他住在福利院里,有一天他在电视上看到了金鱼,突然就对金鱼产生了迷恋。在别人的帮助下,再加上他自己的巨大努力,他努力学会了如何饲养自己的金鱼,并且从这种成就中获得了活力。而他的同伴除了在电视前打瞌睡,什么事情都不做。看到这种对比之后,工作

生活中的意义

人员可能会希望其他人也能够为自己找到这种有意义的计划。他们可能会觉得这个孩子对金鱼的兴趣很温馨感人，这种看法可能是正确的。照顾金鱼可以给智障儿童带来充实感，因为这件事给了智障儿童某些它无法给予成年人的东西。在照顾金鱼的过程中，这个智障儿童——与成年人有所不同——很可能是在做一件对他来说很有难度的事情，这会给他带来挑战，也会让他有理由感到自豪。这条金鱼出现在他的生活之中，可能会让他与其他人产生更多的互动，而不是更少（比如会有孩子以及其他人来看这条漂亮的金鱼，他会和那些帮助他的成年人建立融洽的关系），并且他还会获得更多的社会认可。知道如何由自己来做某件事情会给他带来自信。简而言之，照顾一两条心爱的金鱼可以给智障儿童带来一定程度的充实感，而正常的成年人则需要参与某些更大的计划才能获得这种充实感，即便他们也是基于相同的理由并通过相同的机制来获得这种充实

三、评论

感。因此，就这个孩子而言，说养金鱼给他的生活带来了意义，这一点都不奇怪。我们无需诉诸养金鱼可能具有的任何一种客观价值（或负价值），只需要借助直觉以及关于在特定情况下哪些事物会让人类感到充实的实证研究，就可以解释为什么我们没有理由相信那种围绕着金鱼打转的成年人生活是有意义的，但却有理由相信那种围绕着金鱼打转的智障儿童生活（在很大程度上）是有意义的。

现在让我们转到第二点。沃尔夫将"意义"解释为一种价值和一种动机——它是在义务和自我利益这两个常见的备选项之外的第三个选项。为了说明人们会出于对意义的考虑而采取行动，她举了这个例子：人们会出于父母之爱、审美理想（比如做一个完美的糕点）以及对任何可能的人和物品的爱而采取行动。在这一点上，她肯定是错误的。比方说，当某些人出于对艺术的热爱而采取行动时，他们并不是为了过上有意义的生活,而是为了艺术本身。他们采取行动的理由并不是"这样做会让我的生活更有意义",而是"这样做会对艺术有所帮助"。如果我热爱巴斯克语,我就会相信巴斯克语本身是有价值的,无论它是否为我的个人生活带来了意义(无论我事实上是否存在)。伯纳德·威廉斯成功地令我们中的很多人都相信:如果你面临这样一种情况,你可以帮助你的妻子或一个陌生人,而你想的是"我会帮助我的妻子,因为她是我的妻子,从道德的角度来看,我在这种情况下可以选择帮助我的妻子",那么你就想太多了。但是现在让我们来想象有这么一个人,他想的是"我会帮助我的妻子,因为她是我的妻子,爱我的妻子会让我的生活变得有意义"。这同样也是想太多了。这么想未必是自私的,但太以自我为中心了。因此,正确解读的话,沃尔夫的观点并没有引入"第三种"价值(即生活中的意义),而是在主张人们可能持有的很多价值观念都是正当的:每一个真

三、评论

正爱其妻子或丈夫的人都会把他们的配偶当作一种独立的价值考量——独立于其他所有的价值考量，包括"意义"。我认为这不会给沃尔夫带来任何麻烦，只不过如果她想要明确提出某些把有意义当作一种价值的主张，她就需要清楚地表明"把有意义当作一种价值"和"把自己的妻子或自己的艺术品当作一种价值"两者之间有什么区别和联系。

但是她想要这么做吗？我想用一个（也许是几个）问题来结束我的评论。在沃尔夫之前的著作中，她曾经说过，我们不应当期待存在着一种整齐的、以道德为首的价值等级。按照我的理解，她的意思是：同样的道理也适用于以审慎、真或者美，甚至以"合理的平衡"或福祉为首的价值等级。任何一种价值都无法占据首要位置。从道德的视角来看，一个人必须永远做个有道德的人，而从审慎的视角来看，一个人必须永远做审慎的事情。对于任何一种价值而言，都是如此。当我们在两种价值之间做出抉择时,我们"靠的是我们自己":也就是说,并没有任何独立的论证——独立于每一种价值所占据的视角——可以告诉我们,哪一种选择对我们来说是正确的。这些年来,沃尔夫似乎已经改变了她的想法,尽管她仍然反对关于价值等级和"首要位置"的观念,并且仍然认为在某些情况下,当我们在不同的价值之间进行选择时,我们只能靠自己。例如,她现在可以说,追随你对艺术的热爱是一件非常好的事情,**除非这意味着你会做出极其不道德的行为**。这种说法就好像有某种价值占据首要位置一样,只不过它不是用来指导我们的每一个深思熟虑的行动,而是仅限于发布诸如此类的命令:"我们不应当忘乎所以!"我想问一问沃尔夫,她如何看待她所讨论的众多价值之间的关系。是否有某种价值占据了首要位置?如果没有,那么她关于"在合理范围内"之类的说法从何而来?我们关于不同价值之间的关系能够说些什么?我们应该联想到"特殊主义"（particularism）这个概念吗?还是应该联想到不可比较或不可通约的选择观念?"当不同的爱产生冲突时,我应当追随哪一种爱"这个问题——即便只是在某些情况下——真的有普遍的客观答案吗?它的答案真的可以既不依赖于我自身的关切,也不依赖于我自身最强烈的意愿?道德终究还是在众多价值中占据某种特权地位吗?也许我在这里提出了太多问题,但与其说我真正想要的是一些直接的具体答案,倒不如说是一个续篇。无论如何,这并不是说我能理解为什么会有人想要做元伦理学!

乔纳森·海特[*]

从全心投入和优质蜂群中寻找意义

我在十五岁那年开始称自己为"无神论者"。但那是一个糟糕的时机,因为第二年,在英语课上,我读了《等待戈多》,然后就陷入了一种哲学上的抑郁。这不是一种临床上的抑郁,因为我并没有认为自己毫无价值,也没有对死亡产生任何渴望。更确切地说,这是一种恐惧,在伍

---

[*] 乔纳森·海特(Jonathan Haidt),美国著名社会心理学家,纽约大学斯特恩商学院教授。主要研究道德心理学和道德情感。2012年被《外交政策》杂志评选为"全球顶级思想家"之一,2013年被《展望》杂志评选为"世界顶级思想家"之一。代表作有《象与骑象人:幸福的假设》《正义之心》和《娇惯的心灵》(合著)等等。——译注

三、评论

迪·艾伦（Woody Allen）的早期电影中，很多角色就经常表现出这样一种恐惧。例如，电影《安妮·霍尔》(*Annie Hall*)有这样一个倒叙画面：一名医生问一个九岁的艾伦式男孩为什么会抑郁。这个男孩的回答是，他最近了解到宇宙会一直膨胀，而且总有一天会解体。他看不出来做作业还有什么意义，尽管他的母亲抗议说布鲁克林并没有在膨胀。

读完《等待戈多》，我也有同感。如果上帝不存在，那么我的生活——以及其他所有人的生活——突然之间似乎就变得像弗拉基米尔（Vladimir）和爱斯特拉冈（Estragon）*的生活一样毫无意义。举例来说，那一年，在我的高中毕业纪念册上，我后来选择将这句话放在我的照片下面："每个人要么死于战争或饥荒，要么就死于瘟疫，所以为什么要刮胡子呢？"这句话出自伍

---

* 弗拉基米尔和爱斯特拉冈是《等待戈多》一书中的两位主人公。——译注

生活中的意义

迪·艾伦。[1]

第二年,我去上大学了。我致力于弄清楚生活的意义,以为学哲学会有帮助。但我感到很失望。哲学讨论了许多关于存在和认识的基本问题,但"生活的意义是什么?"这个问题从来没有出现在哲学的讨论之中。我以为这是一个很糟糕的问题,于是就继续前进,去研究生院读心理学了。*要是我当时能读到苏珊·沃尔夫就好了!她以一种非常优美的方式澄清了这个问题,并提供了一些方法让我们每个人都可以自己回答这个问题:要找到一种你热爱的事物、一种**值得**爱的事物,而且你可以通过恰当的方式跟它产生联系、参与和它相关的事情。

我花了一段时间去寻找这样的事物,通过致

---

[1] Woody Allen, *Without Feathers* (New York: Random House, 1975).
* 作者于1985年从耶鲁大学获得哲学学士学位,后于1992年从宾夕法尼亚大学获得心理学博士学位。——译注

三、评论

力于改善人们的生活以及专注于我的作品,就像我们中的许多人一样,我最终还是找到了。我剩下的评论就来自我的那部作品,它最终让我迂回地回到了生活意义的问题上。几年前,我写了一本书,从现代科学的角度回顾了有史以来最伟大的十个心理学观念。[2]书的最后一章探讨的是幸福和生活的意义。在写那一章的时候,我遇到了两个非常强有力的观念。第一个观念是"**全心投入**",第二个则是"**蜂群心理学**"。我认为,把这两个概念结合在一起,可以帮助我们解决沃尔夫在这些演讲中所提出来的有关客观意义的问题。

全心投入

有些人过着非常高产的生活。他们设计艺术品、撰写文章、建造东西、养育小孩、治疗疾

---

[2] Jonathan Haidt, *The Happiness Hypothesis: Finding Modern Truth in Ancient Wisdom* (New York: Basic Books, 2006).

病、发现真理或发明技术。他们对人类的知识和福祉的贡献如此之大,以至于其他人都想要给他们颁奖或者为他们写传记。这些人中的大多数人都很幸福,几乎所有人都充满热情地投入他们的工作。很多人都想知道,他们是怎么变成那样的?**我怎样才能变成那样?**

心理学家米哈里·契克森特米哈伊(Mihaly Csikszentmihalyi)通过采访100多位这样的知名人士来寻找答案。他和他的学生向我们描绘了一种生活方式,他们称之为"全心投入",并将其定义为"一种与世界之间的关系,由心流的体验(即享受专注的乐趣)和意义感(即主观的重要性)所构成"。[3]心流是一种心理状态,如果你完全沉浸在一项具有挑战性但又与你的能力相匹

---

[3] Jeanne Nakamura and Mihaly Csikszentmihalyi, "The Construction of Meaning through Vital Engagement," in *Flourishing: Positive Psychology and the Life Well-Lived*, eds. C.L.M. Keyes and J. Haidt (Washington D.C.: American Psychological Association, 2003) 83—104; the quote is on p. 87.

配的活动中，你就会产生这种心理状态。你可以在绘画、跳舞、写作的时候，或者在蜿蜒的道路上开车、玩电子游戏的时候达到这种心理状态。心流不是意义，而是一种浓厚的兴趣。那些非常高产的人通常都怀着浓厚的兴趣去开启他们的职业生涯——他们会被某项活动所吸引，并且经常会在这项活动中发现某些心流的时刻（哪怕很短暂）。之后，经过许多年的时间，随着这些人逐渐编织出一张包含越来越多的知识、行动、身份和关系的网络，他们会全心投入这项活动。

这里有一个例子。在我第一次讲授积极心理学的课程时，我试图解释"全心投入"这个概念，可全班同学都听不懂。我猜测班里有一个合适的例子：有一个害羞的女生，虽然她之前很少说话，但她提过她非常喜欢马。我请她告诉我们，她是如何参与骑马这项活动的。她提到她在童年时期就很喜欢动物，也提到她如何恳求她的父母让她去上马术课。起初她骑马是为了好玩，但她很快就开始参加比赛。骑马对她来说变得越来越重要,她之所以选择去弗吉尼亚大学读书,就是因为那里有优秀的马术队。

在告诉我们这些基本事实之后,她不再说话了,因为她不确定我想让她提及多少相关的内容。但我想要了解更多的信息,因为一个全心投入的人不只会出于热爱而采取行动。我想知道她是否已经逐渐沉浸在与马相关的意义网络之中。我问她能否说出前几个世纪某些马的名字。她说能,因为她在开始骑马之后,也开始研究马的历史。我又问她有没有通过骑马结交朋友,她告诉我们,她的大多数密友都是"马友"。这位女生是全心投入的完美典范。她与骑马的关系始于简单的兴趣,这种关系经过多年的扩展,已经将她与一项活动、一种传统和一个社群联系在一起。这位女生不仅找到了幸福,她还找到了意义。

我之所以讲这个故事,是因为我同意沃尔夫对关系质量的强调。关于她的适宜充实论,我最

三、评论

喜欢这一句概括:"**意义……来源于我们积极参与一些值得参与的计划,并且那些计划会以积极的方式将我们和我们的世界联系在一起。**"我认为,沃尔夫在谈到"积极参与"以及通过积极的方式和这个世界联系在一起的时候,她所倡导的理念与"全心投入"这个概念非常接近。但在她主张那些计划必须"值得"参与的时候,她便致力于寻找客观价值了。事实上,她在文章的结尾提出了这样一个主张:如果没有客观价值的概念,我们就无法充分理解"有意义"这个概念(作为一种与道德和自我利益都有所不同的价值)。

96

沃尔夫的主张会带来某种难题。她把所有赌注都押在客观价值上,她认为客观价值是存在的,至少是可理解的。但我赌她不会赢。我认为,沃尔夫和许多其他哲学家所希望找到的那种客观价值是不存在的。沃尔夫本人也意识到她所面临的挑战。她认为只有当一项计划给自我以外的其他人提供了价值,它才能够带来意义,但她意识到仅具有"独立价值"是不够的。假如有这么两个人,他们通过给对方提供价值来获得意义,可这比另外两个人,他们通过给对方洗衣服来挣钱要好多少呢?沃尔夫还提到了精英主义的危险:从外部的视角来看,某项活动值不值得或适不适合参与,到底"谁说了算"呢?我认为,这个问题也是无法解决的。请注意,沃尔夫认为这些活动很可能具有客观价值:参与政治和社会活动、创作艺术品、保护自然美景,以及发展个人潜能。沃尔夫承认这些看法预设了美国中产阶级的价值观念,但我认为它们甚至还要更加狭隘,因为它们预设的是美国那些在政治上支持自由主义的中产阶级的价值观念。

但沃尔夫真的离不开客观价值理论吗?我怀疑她担心:如果没有客观价值这种东西,那么意义相对主义就会盛行,人们就有理由认为,开割草机赛车、在旗杆上坐着以及玩摇滚乐就跟创作交响乐或纠正不正义现象一样,都很有意义。这

三、评论

正是全心投入发挥作用的地方。**那些开割草机赛车的人和那些在旗杆上坐着的人都无法全心投入这些活动**。他们做这些事情既是为了好玩,也是为了被载入各种世界纪录手册。他们甚至有可能在这个过程中获得友谊。但是,他们中有多少人会在青少年时期从这些活动中感受到心流的体验呢?又有多少人会津津有味地阅读所有他们能找到的关于割草机历史和旗杆历史的书籍,会热情地收集与割草机和旗杆相关的收藏品,以及会在选大学和选工作的时候,首先考虑的是他们如何能够一直和其他志同道合的人一起开割草机赛车或在旗杆上坐着?

此外,如果沃尔夫教授坚持要追求客观价值,我担心一旦有人真的提出了某种恰当的客观价值理论,沃尔夫教授将不得不跟我以前那个学生说,别人有可能会宣布她对马的热爱毫无意义。毕竟,她所有的骑马活动对其他人来说都毫无用处,而且也不会让这个世界变得更美好。虽然我的学生可能会觉得她自己全心投入骑马这项活动，但她从骑马转圈中所获得的快乐也许只会让她成为另一个充实的西西弗。

蜂群心理学

第二个心理学观念是蜂群心理学[4]，我认为它可能也有助于沃尔夫发展她的论证。我们在研究社会科学时一直受到方法论个人主义的攻击，这种攻击已经持续了六十多年，给我们造成了不少困扰。我们中的大多数人都坚定采用一种牛顿式的方法，这种方法旨在生成尽可能简单的模型，只在非常有必要的时候才会在该模型中加入复杂的因素。我们把社会看成是一组四处弹跳的台球，每个台球都有自己的磁性吸引力和排斥力。

---

[4] 对这个观念的综述，参见 Jonathan Haidt, J. Patrick Seder, and Selin Kesebir, "Hive Psychology, Happiness, and Public Policy," *Journal of Legal Studies* (in press)。

三、评论

我认为哲学同样深受这种方法的影响,因为在沃尔夫文章的某些段落中,我也看到了四处弹跳的台球。请看以下这段话:

> 我是被我的朋友、哲学和美味的巧克力蛋糕这些特定事物的价值所**吸引**的。而这些"**对象**"的价值都来自我自身以外的其他事物。不管我是否喜欢或在乎这些"对象",甚至不管我是否注意到它们的存在,它们都是好的、有趣的或值得追求的。但这些价值确实对我有**亲和力**……所以我才会去**回应**它们。(我对重点强调的词语添加了标记)

但是,如果我们认为社会的基本单位不是个体而是群体,会怎样呢?如果我们审视人类在这个星球上的漫长历史,从而认识到我们这种现代的独立自我观念在历史上和地理上都是一种异常现象,又会怎样呢?文化心理学家告诉我们,这种壁垒森严的独立自我观念在欧洲和北美都很常见，但在其他地方则不然。[5]历史学家则告诉我们，这种更加分化、也更加独立的全新自我观念是欧洲人在十七和十八世纪发展出来的——这种自我观念更具有自我意识、更容易抑郁，也更有可能会为寻找生活的意义而担忧。[6]

为什么根据我们这种现代的独立自我观念来生活，常常会让人感到痛苦？我认为这个问题可以在我们的起源中找到答案。虽然许多动物都是群居动物，但只有极少数动物是超群居动物[7]——"超群居动物"的意思是：它们生活在一个由成千上万的个体所组成的群体之中，有

---

[5] Hazel R. Markus and Shinobu Kitayama, "Culture and the Self: Implications for Cognition, Emotion, and Motivation," *Psychological Review* 98 (1991) 224—253.

[6] 相关的综述，参见Barbara Ehrenreich, *Dancing in the Streets: A History of Collective Joy* (New York: Metropolitan Books, 2006)。

[7] Peter J. Richardson and Robert Boyd, "The Evolution of Human Ultra-Sociality," in *Indoctrinability, Ideology, and Warfare: Evolutionary Perspectives*, eds. I. Eibl-Eibesfeldt and F. K. Salter (New York: Berghahn, 1998) 71—95.

三、评论

广泛的分工，愿意为群体做出牺牲甚至付出生命。最有名的超群居动物是蜜蜂、蚂蚁、白蚁和裸鼹鼠。在这些生物的内部，所有个体都是兄弟姐妹，它们只能通过某个王后或某对王室夫妇来繁衍后代。这些生物正是通过这种方式过上超群居的生活。这就是"我为人人，人人为我"。蜂群在很大程度上就是一个超有机体（superorganism）。我们最好将蜜蜂理解成是某个更大的身体的细胞或器官。蜂后并不是蜂群的大脑，它只是蜂群的卵巢。

相反，黑猩猩就只是群居动物，而不是超群居动物。它们的群体最多也就只有几十只黑猩猩。它们不会为别的黑猩猩牺牲自己的生命，甚至也很少分享食物。我们的祖先原来过的是黑猩猩那种中等规模的群居生活，不知何故，发展到今天，我们却在享受超群居的生活。我们人类生活在非常庞大的群体之中，远非亲属关系所能够解释；我们会分工合作，会组成团队和部落，会在受到攻击的时候围着旗帜集合，也会在足球比赛中挥手致意，以及在婚礼上跳马卡雷纳舞。此外，还有其他上百种方式可以表明：演化已经将我们塑造为选择性的超群居动物。我们想要融入群体，需要融入群体，也热爱融入群体。我们拥有一些只有在群体中才能够感受到的特殊情感。我们还可以通过某些特殊的实践方法将我们的群体凝聚在一起，变成某种意义上的蜂群。芭芭拉·艾伦瑞克（Barbara Ehrenreich）最近在她的《街头的狂欢：集体欢乐的历史》（*Dancing in the Streets: A History of Collective Joy*）一书中提出了这个观点。她提到令人心醉神迷的集体舞蹈曾经几乎是一种普遍的文化现象，这种舞蹈的功能是弱化等级制度，用爱将群体凝聚在一起。但是欧洲人长期以来对我们这种酒神式的倾向持矛盾态度，而西方心理学则完全忽视了我们本性的这一面。艾伦瑞克写道："如果说同性之间的吸引是一种'不敢说出名字'的爱，那么那种将人们与集体凝聚在一起的爱则根本没有名字可言。"[8]

艾伦瑞克借鉴了历史学家威廉·麦克尼尔（William McNeill）的一本先前出版的著作，后者提到他在军队进行基础训练的时候，第一次体会到同步行动的乐趣。麦克尼尔所在的中队在经过几周看似毫无意义的训练之后，终于做出了正确的同步行动，这让他获得了一种神秘的体验：

在演练的过程中，那种由长时间做出整齐行动所激发的情感是语言无法形容的。我记得那是一种四处弥漫的幸福感；更确切地说，那是一种个人被放大的奇异感受，一种由参与集体仪式所带来的膨胀感，个人会变得比自己的生命更大。

麦克尼尔主张，很多社会一直都在利用各种同步行动，比如跳舞、游行、鞠躬和吟唱，试图

---

[8] Ehrenreich 14.

创造出一个社会性的超有机体，让人们在这个超有机体之中忘掉自我，成为某个更大的身体的细胞，并从中找到快乐和力量。

我之所以提出这些关于超群居动物和蜂群心理学的问题，是因为沃尔夫探讨了这个流行的建议：为了寻找意义，你要参与到"比自己更大的事物"当中。沃尔夫追问道：事物的大小有什么关系呢？她得出了这样一个结论：关键是你要参与到某种在你自身以外的事物当中。

我不同意沃尔夫的观点。从蜂群心理学的角度来看，事物的大小非常重要；从本质上讲，现代人就是一些在启蒙运动中逃离蜂群的蜜蜂，而且这些蜜蜂还在二十世纪将最后一批蜂巢给烧掉了。我们现在会自由自在、无拘无束地飞来飞去，会称自己为"无神论者"，也会阅读《等待戈多》，并且还会追问：这一切有什么意义？我可以在哪里找到意义？一个优质的蜂群必须比一只蜜蜂更大。

三、评论

结 论

现代性的一大挑战就在于我们现在必须为自己寻找蜂群。就像我们无法靠自己来创造一种语言一样，我们也无法靠自己来创造我们的蜂群。但是从积极心理学的角度来看，如果我们能够充分利用全心投入的能力，将自己与他人以及某些计划结合在一起，我们就可以在自己的生活中找到意义。我们既可以共同创造出某种比我们自己更大的事物，也可以加入这种事物当中。人们所共享的传统和共有的价值观会带来一些共同的目标，我们可以和其他人一起追求这些目标。苏珊·沃尔夫非常好地向我们展示了在挑选合适的蜂群的过程中，我们会面临哪些挑战，以及为什么做出正确的选择对我们来说是一件至关重要的事情。

101

四

回 应

四、回应

我对这一系列的评论感到极其满意。它们具有丰富的内容和建设性的意见,给我带来了不少挑战和启迪。值得注意的是,这些评论在强调对有关生活中的意义的问题进行思考这件事的重要性时,它们都针对的是现实生活中的人,而不是某些完全脱离现实的虚构人物。(事实上,它们经常提到具体的人物,从亨利·卢梭到克劳斯·冯·施陶芬贝格,再到某个弗吉尼亚大学的学生。)同样值得注意的是,这些评论都很优美、睿智,完全没有专业术语,同时又带有严肃的思考。经常有人说学术类的哲学作品都很迂腐、无关紧要,并且该领域以外的人都无法理解。这些评论证明了此类指责并不适用于所有学术类的哲学作品。希望这些评论可以为哲学的专业人士和非专业人士提供范例和灵感。

同样令人满意的是,我的评论者对我的意义观有不同的评价。按照我的理解,约翰·科特和罗伯特·亚当斯对我的意义观的核心特征基本上是赞同的。他们同意我的这个观点：通过把主观要素和客观要素恰当地结合在一起，我们能够以一种富有成效的方式来理解意义。他们的评论揭示了这个基本框架的一些内部问题，需要我做出进一步的澄清、改善和取舍。而诺米·阿帕利和乔纳森·海特则对我的主要论点持有更多的怀疑态度。具体来说，他们两个人都对这一点有所质疑：为了解释我所关注的有意义的生活和无意义的生活之间的区别，我们需要诉诸客观价值。虽然他们是独立进行写作的，但他们的评论却产生了一些重要的联系，他们针对我所讨论的现象提供了另一种解释，并且这种解释与纯主观的意义理论是相容的。尽管有些不熟悉哲学实践的人可能认为，人们会希望自己的听众、读者和评论者都同意自己的主要论点，但从我的角度来看，这些评论者给出了不同的回应，这反而是一件更可取的事情。有两位杰出的哲学家认为这些演讲的基本观点有说服力、很有帮助，这让我不再怀疑

四、回应

我的观点极其荒谬、错得离谱以至于不值得探究。与此同时，还有另外两位一流的思想家倾向于对这些观点提出异议，这让我更加确信我关于有意义的生活的想法既没有稀疏平常到不值得一提的程度，也并非毫无争议以至于根本没必要为它们辩护。

让我先来回应科特和亚当斯。他们在评论中都接受了我的观点的总体框架，因此他们提出的是一些该框架内部的问题。跟我一样，他们也认为，有意义的生活必须同时满足客观条件和主观条件，并且这两个条件具有适当的联系，但他们敦促我（还有其他人）更加仔细地考虑到底有多少以及什么样的客观价值和主观体验是必不可少的。我很高兴有机会重新考虑并阐述我对这些问题的看法，但我还得补充一点：邀请大家就这些问题进行对话非常符合我的职业精神。在我所主张的关于"有意义"这个概念的总体框架内，我自己对该框架的细节的看法并不会比其他人拥有更高的地位。

意义的客观要素：成功有多重要？

有很多主题需要我做出详细的阐述，其中最重要的主题之一便是：一个人成功实现自己的计划和目标这件事（与有意义的生活之间）的相关性。正如约翰·科特所指出的，"一个人要积极参与到'有客观价值的计划'当中，他的生活才有意义"这个主张实际上是含糊不清的。跟培养远距离吐痰能力或收集一个大线球相比，我们可以说艺术创作和养家糊口都是有客观价值的计划。这相当于在说，某些**类型**的计划是有价值的，而艺术创作和养家糊口便属于此类计划；但其他类型的计划则没那么有价值。然而，即便某项计划属于某类有价值的计划，它也不一定会获得成功。比如说，一个人有可能会创作出一部杰作或一部还不错的作品，但也有可能仅仅是在胡言乱

四、回应

语或制造噪音。又比如说，一个人有可能会用爱和支持来照顾自己的家庭，让自己的孩子和伴侣展现出最好的一面，并且帮他们过上了丰富多彩的生活，但也有可能尽管他一心一意为了家人，却还是把事情搞得一团糟，不仅导致他的家庭无法正常运转，而且也阻碍了孩子的成长，甚至还导致家人生活在一种没有安全感、缺乏信任的氛围当中。虽然我的演讲强调的是，为了过上有意义的生活，一个人所参与的计划或活动必须属于某类有价值的计划或活动，但科特正确地推测出，我认为这些计划和活动有没有获得成功也是一件相关的事情。既然我认为人们之所以在乎有意义的生活，是因为他们在乎他们有没有理由为自己的生活感到自豪，以及自己的生活从一种超然的视角来看有没有价值，那么他们当然希望自己会获得成功。但是，要让一个人的生活足够有意义，什么样的成功以及多大程度的成功是必不可少的呢？这会是一个难以回答的问题。

生活中的意义

105   关于有意义的生活,最显而易见的范例是这样一些人的生活:他们成功完成了自己(那些有价值)的计划。比如说,那些创作出优秀艺术品的艺术家、推动我们的知识和思想进步的科学家和学者、减少不正义现象的政治家和社会活动家、帮病人恢复健康的医生、教书育人的老师,以及那些欣赏并改善他们所爱之人的生活的爱人、朋友、父母和子女。然而,考虑一下那些没有获得成功的人。他们的生活就没那么有意义吗?为什么会这样呢,或者为什么不会这样呢?

    假设有人投入了大量心血在某项计划上,但他却得知该计划失败了,我们先来想一下这个人自己会有什么样的感受。比如说,有位科学家毕生致力于某项研究却徒劳无功,或者他的研究被另一个同行的成果取代了;有个农民希望将他的农场传给他的子女,但农场却被抵押了并且他丧失了赎回权;有个女人多年以来都在为某个男人付出和牺牲,她的生活都围绕这个男人打转,但她却发现这个男人一直在欺骗和利用她。如果这些人认为自己的生命被浪费了，他们一无所获，这并不是一种奇怪或令人惊讶的想法，而这种想法至少有点类似于在想：自己的生活（或这段时间的生活）没有意义。否认"此类计划的成功或失败"与"一个人的生活有没有意义"相关，将与这种合理的反应相冲突。虽然这些行动者若在他们的计划失败后就立刻评价自己的生活，他们可能倾向于做出非常消极的评价，但大多数人都不会认可这种评价。想一想我们可能会说些什么来说服他们（或我们自己）相信他们的评价太严厉了，这会对我们有所启发。

比如说，在这个科学家的例子中，我们可能会指出，虽然他没有取得自己所希望的特定成果，但他确实在整个科学事业中发挥了作用。科学的进步依赖于一个由参与者、实践和机构所组成的共同体，这个不断发展的共同体会以相互关联的方式来展开各种计划（就此而言，艺术的进步也是如此）。这位科学家很可能会将自己的计划描述为"试图发现蛋白质X"或者"试图找到一种测量Y的新方法"，根据这种描述，他的计划确实可能已经失败了。但我们还可以用其他方式来描述他的计划，并且这些方式也会得到他的认可，例如可以说他的计划是"做科学研究"，而这种描述能够表明他的工作至少在某种程度上仍然有价值。此外，我们可能还会提醒他，在追求总目标的过程中，他也参与了各种附属活动以及目标较小或目标重叠的子计划，而很多附属活动和子计划也有其他人的参与，比如技术人员、博士后研究人员和研究生。这样一些人际关系和交往可能是积极的，也可能是消极的。它们可能会对那些与这位科学家交往的人有教育意义，会提高或改善他们的生活质量，也可能会阻碍、打击或误导他们。如果这位科学家已经帮助或鼓励了他周围的人，那么他很可能是有意为之（即使他自己并没有非常明确地意识到这一点），因此他的行为既有价值，也有意义。最后，我们或许还可以主张，践行美德和才能（比如在智识方面发挥创造力、保持诚实，以及耐心、自律且不屈不挠地对待自己的工作）本身就有价值。

这位科学家在回顾自己生活的这一部分时，可能还会继续感到失望。如果他多年来的工作和牺牲能够产生一个归功于他的有用成果，那么他对自己和那份工作的感受肯定好很多！然而，他似乎也不应该认为那些时间都被浪费了，那段努力却又没有成功的时光毫无意义；这些想法看起来都过于消极。此外，如果那个失败的研究计划为他未来的研究指明了方向，或者促使他的生活走上了另一条道路，并且这条道路会出现某些有价值的新计划，那么当他回顾自己的这一段生活时，他的评价就会变得积极很多。若以孤立的方式来看待我们生命中的某些时期，我们可能会觉得自己毫无收获，但要是我们能够从错误、失败和失望中学习到东西，我们可能就不会觉得自己在那些时期一无所获了。

在反思这位科学家的失败计划时,我们提出了各种考量,这些考量表明了我们可以如何来评价前面所提到的其他失败案例。归根结底,当某项特定的计划按照其最初的描述不得不被看作是一项失败的计划时,我们能够从该计划中拯救出什么样的意义以及何种程度的意义,只能由该案例的细节来决定。通常来说,如果那项计划属于某类好的计划——换句话说,如果主体所从事的活动获得成功的话,这对某些主体以外的事物来说是有价值的——那么在行动者认可该计划并努力追求它的过程中,他就取得了某种有价值的成就,而且由于他的这种价值观念和行动具有足够多的意向内容,因此可以给他这段时期的生活带来一定的意义。

在克劳斯·冯·施陶芬贝格的案例中,这些考量格外令人信服,为我们提供了大量的理由来支持罗伯特·亚当斯的这个主张,即在施陶芬贝

四、回应

格身上,我们看到了"一个人的生活可以从一项失败的计划中获得最有价值的意义"。尽管他刺杀希特勒的密谋确实失败了,而且正如亚当斯所指出的,它甚至还导致了数百人死亡,但这场密谋最终引起了公众的关注,它确实向全世界表明并非所有德国人都是纳粹或懦夫,因此在施陶芬贝格认为至关重要的几个目标中,至少有一个目标最终实现了。此外,即便这场密谋被压制了,施陶芬贝格的努力不为世人知晓,但他身上所展现出来的见识、正直和勇气也是出类拔萃的,具有英雄的气概,这些品质使得他在回顾自己的生活时,不仅有理由感到欣慰,而且也有理由感到某种特殊的自豪——对于大多数人来说,即使我们那些难度较低的计划成功完成了,我们也没资格拥有这种自豪。

科特把我们的注意力引到那些具有雄心壮志的艺术家身上,而对于这些艺术家的境况,我们更加不知道该说些什么。科特认为,这些艺术家 108

的计划本身就包含了某种特质，使得我们无法知道这些计划有没有获得成功，我们甚至不清楚对它们来说成功的标准是什么。他的这种看法可能是正确的。此外，在施陶芬贝格的例子中，我们事先就可以确信，即便他的计划失败了，那至少也是一种崇高的失败。但与施陶芬贝格不同的是，一个有远大抱负的艺术家有可能只是陷入某种妄想之中而已。正如科特所指出的，这意味着如果某人的生活围绕着这种计划来展开，那么他可能就无法知道他的生活有没有意义，而且即使他的生活确实有意义，他也无法从这种意义中获得快乐或满足。跟科特一样，我也认为，这是一种我们不得不接受的可能性。那些想要过这种生活的人，以及那些渴望这种成就的人，即便考虑到他们必须接受自己的生活带有这种不确定性，也不太可能会因此望而却步。

关于"什么类型以及何种程度的客观价值有助于促进有意义的生活？"这一问题，我们可以

四、回应

探讨的内容还有很多。其中有很多内容不仅非常有趣，而且也有启迪作用，我们也许有很好的理由来探究这些内容。但是请记住，我之所以要阐明"有意义"这个概念，并不是为了让我们能够根据某种"有意义"的标准，去给某些现实生活或可能生活排序。我们很容易就会陷入"给不同的生活排序""比较不同的生活"和"对边缘案例进行争论"等活动当中。小诗人的生活（科特认为这在正面的意义上是一项重大的成就）就不如大诗人的生活那么有意义吗？清洁工、健美操教练或卡车司机的生活与最高法院法官或自由斗士的生活相比又如何呢？一个人的生活有没有意义，是否取决于他的小孩最终过得好不好？在这些问题中，有些问题可能并没有答案，即使有答案，我们也没必要去探究。

我之所以提出一种意义理论，主要是想指出并阐明在我们的生活中，还有这样一种价值维度的存在，它与幸福和道德都有所不同。我已经论

生活中的意义

证过,生活不仅仅包括快乐和责任,并且我已经粗略地提出了一种理论来刻画另一个可以让我们的生活变得更好或更坏的维度。这些想法在反思和引导我们的生活、指导我们的孩子和学生的生活、塑造社会制度和制定政治目标时可能会派上用场。此外,正如我在第二次演讲中所指出的,如果我们没有"有意义"这个概念,也没有可以用来讨论和探索这个概念的词汇,那么我们很容易就会接受某些遭到扭曲的幸福观念和道德观念,还会去追求某些错误的东西,并且不知道到底哪里出了问题。然而,所有这些主张都不需要我们去详细评估其他人的生活。我们也不应该认为,就我们自己和所爱之人的生活而言,我们有强有力的理由努力将它们的意义最大化。虽然在我看来,当一个人的生活不仅仅是勉强有意义、在最低限度上有意义,而是很有意义的时候,这种有意义的生活对他来说是极好的,但密切关心一个人是否过上了尽可能最有意义的生活,仍然

四、回应

可能是不合理甚至是不可理喻的。

意义的主观要素：充实感有多重要？

亚当斯的评论除了促使我重新考虑有意义的生活必须包含什么样的客观成就，也促使我修改、澄清我对主观条件的描述——根据我的观点，有意义的生活必须满足这个主观条件。在我的演讲中，我经常将主观条件等同于体验到充实感，但正如亚当斯所指出的，这个术语具有误导作用，而且我对主观条件的讨论在许多方面都不够细致。例如，我把充实感称为"一种美好的感受"，这种说法就没有突出这个条件的意向性特征（即一个人必须对某个事物感到充实，也就是说，他必须觉得某种体验或活动令他感到充实），并且可能会促使人们将我所说的"充实感"与快乐的感受过于紧密地联系在一起。与此同时，"充实感"这个术语与"成功"这个概念还具有一种不必要的联系。毕竟，当我们说一个人完成了某个梦想或职责的时候，我们的意思是：他成功实现了这个梦想或成功履行了这个职责。*亚当斯指出，施陶芬贝格可能会认为他的生活是有意义的，即便在他生命的尽头也是如此，并且亚当斯认为这种看法是正确的。如果有人同意亚当斯的观点——谁会不同意呢——那么他就必须承认：即便一个主体不太可能认为他所参与的某项计划令他感到充实或给他带来了美好的感受，他的生活也可以因为他对该计划的参与而变得有意义。事实上，亚当斯甚至认为，完全放弃充实感这个条件可能会更好。仅仅强调行动者通过爱的理由和动机对某些有意义的计划产生了依恋，为什么还不够呢？既然爱也有主观要素，这种修正就能够保留这个重要的观点：当一个人在主观上以正

---

* "Fulfillment"由动词"fulfill"派生而来，后者有"完成、实现、履行和满足"等含义。作者在这里用"fulfill"的含义来解释为什么"fulfillment"跟"success"之间是有联系的。——译注

四、回应

确的方式与那些具有客观价值的活动产生联系时,他的生活就有意义。而且这种修正还不会让人联想到,有意义的生活极有可能是一种心满意足的生活。

我在很大程度上同意亚当斯的建议。为了突出有意义的生活的主观维度,我采用了"充实感"这个词来描述有意义的生活所必不可少的感受特征,而我之所以将它描述为"一种美好的感受",既是为了强调我正在讨论的是一种主观特征或感受特征,也是为了指出:如果完全忽略那些让我们感到充实的活动或关系所具有的客观性质,认为这种主观特征本身就有价值,那么这会是一种非常奇特的观点。但用这种方式来描述一个人在过有意义的生活时可能会有哪些体验,既不符合实际情况,也过于简化了。亚当斯正确地指出了我的描述是不充分的。尽管我的核心观点是,有意义的生活包含了一个主观维度,但我们没有理由相信或期待所有有意义的生活都拥有某种质量相同的主观体验（即使有人一开始就比我更了解体验的质量是由哪些条件构成的）。

在我的演讲中，我使用了多种术语来指代有意义的生活的主观维度：除了"充实感"，我还提到"主观吸引力""对自己的计划或活动着迷或兴奋"，以及"（热）爱那些计划或活动"。尽管这些心理状况之间既有联系也有重叠，但很难说它们完全一样。此外，许多（如果不是大多数的话）有助于给我们的生活带来意义的计划或活动并不会在我们参与的每一个瞬间都令我们着迷、兴奋或在主观上感到充实。在写书或参加马拉松训练的过程中，更不用说在抚养小孩的过程中，人们可能会在某些时刻甚至在很长一段时间里感到沮丧或者有矛盾的心理。做校对和索引可能会很无聊；在交通高峰期开车把自己的孩子从音乐班接回家，可能会让人抓狂。在一个人的低迷时期，他可能会觉得他的所有计划都与自己无关，只不过他之后还是会再次感受到意义，尽管

四、回应

他并没有对他的计划做出任何实质改变。

然而,如果一个人经常觉得他的日常活动很无聊,如果他经常觉得那些他不得不承担的角色以及不得不展开的计划都与自己无关,如果他倾向于认为他在过自己的生活时会感到空虚甚至感到自己的内心已经枯萎了,那么这种生活就不会是一种真正有意义的生活,即使他正在做的事情在客观上是有价值的,并且他也意识到这一点。我在讨论有意义的生活的主观方面时提到了多种态度,都是为了表达这个观点:有意义的活动的主观特征(即一个人在参与那些有助于给他的生活带来意义的活动时所拥有的体验)在很大程度上与无聊、空虚和疏离感等态度是截然相反的。

值得注意的是,这些态度和感受特征——兴奋、对某项计划着迷、心流的体验、热爱自己所做的事情、觉得某项计划或追求令人充实——本身并不是标准意义上的快乐。兴奋可以和恐惧共存；爱可以和悲伤共存；而那些令人感到充实的活动往往不仅困难重重，而且还会对人提出很高的要求。尽管如此，正如无聊、空虚和疏离感虽然并不完全等同于痛苦，但在我们生活的大部分时间里仍然是一些极其不受欢迎的感受一样，热爱的态度、充实感和积极参与仍然是一些积极的、令人向往的美好体验。它们是一些"美好的感受"，在这个意义上，它们本身是令人向往的，至少当它们指向适当的对象和活动并且由这些对象和活动所产生时，它们会令人向往。[1]

亚当斯建议，我与其用"充实感"这个术语来囊括有意义的活动的主观方面（我现在承认这个术语的囊括能力是有限的），还不如就采用我一开始的主张，即当我们出于爱的理由而采取行

---

[1] 某些感受体验虽然不会直接令人感到快乐，但仍然会在非工具性意义上令人向往，我们可以在美学中找到其他现成的例子来支持这个观点，例如对优美的悲伤音乐、壮烈的悲剧和可怕的恐怖电影的体验。

四、回应

动时，意义就产生了。也许他的建议是正确的。爱，就像充实感一样，显然也有意向性，而且当它指向一个适当的对象时，它也是一种积极的感受。此外，众所周知，一个人对所爱之人和热爱的活动可能会有各种不同的感受。[2]因此，"爱"可能比"充实感"更不容易让人误以为我们在从事或完成所有有意义的活动时都必定会有某种质量相同的特定感受，也更不容易与那些轻松的快乐混淆在一起。

然而，虽然有些人的主要活动在某种意义上是由爱所塑造和引导的，但他们的生活却与我们通常认为的有意义的生活相去甚远。某个失去自我的家庭主妇可能真的很爱她的丈夫和孩子，而某个被迫应征入伍的士兵也可能真的很爱他的国家。也许正是因为他们很爱自己的家人和国家，所以他们才会把回应家庭和国家的需求当作

---

[2] 例如，参见David Velleman, "Love as a Moral Emotion," *Ethics* 109 (January 1999)。

自己的责任。然而，那个女人并不适合当家庭主妇，而那个男孩也不适合去打仗。他们可能会觉得自己被周围的环境所困，没有机会去追随自己的激情或实现自己的潜力，只能被迫过自己不喜欢的生活。他们很可能会认为自己的生活缺乏意义（即便他们不应该认为自己的生活完全没有意义）；但是，认为他们的生活缺乏爱，则显然是一种错误的看法。

考虑到这样的情形，我们似乎就有理由关注充实感。正是这种感受的缺失（而不是爱的缺失），表明了这些人的生活缺少某种重要的益处，并且我们不仅无法用我们通常对幸福的理解来捕捉这种益处，而且也无法将它完全还原成客观价值。[3]更广泛地说，当一个人认为自己渴望获得

---

[3] 我不清楚亚当斯会不会同意我的观点。在其评论的早期草稿中，他说"出于爱和坚定的决心而采取的行动……可以让一个人的生活变得有意义"，这表明他可能会认为，尽管那个失去自我的士兵和家庭主妇对他们的生活感到不满，但他们还是在过有意义的生活。

四、回应

意义，因此对自己的生活不满意时，我怀疑他会觉得自己缺乏的是充实感，而不是爱。从概念上讲，跟爱相比，充实感与意义的联系会更加紧密。事实上，我们似乎很难将"一个人觉得某项活动（或某种关系）令人感到充实"和"这个人认为该活动有意义"这两种想法区分开。

然而，正如亚当斯所表明的，在其他一些情况下，说某个人对有意义的活动的参与令他感到了充实，似乎就显得太牵强附会了。但我们与其认为所有有意义的生活都必定包含某种态度或心理状态，并继续寻找另一个单一的术语来给这种态度或心理状态命名，倒不如直接承认：当行动者参与某项活动时，如果这种参与有助于给他的生活带来意义，那么他就必须具备一系列的态度和心理状态，其中包括爱和充实感，这些态度和心理状态不仅反映了行动者对该活动或某个相关的对象产生了某种带有意向性的依恋，而且它们

· 223 ·

都是一些积极的感受。[4]这么说或许会显得更加含糊其辞，但也许是一种更加明智的主张。

亚当斯在讨论意义的主观要素时，还提出了另一个问题，即一个人对自己的活动和计划的态度**在什么时候**是相关的——我想在继续讨论其他话题之前先回应一下这个问题。当一个人正在从事某项（有客观价值的）计划或活动时，他可能会觉得该计划或活动令人感到充实，即便他之后会认为它毫无意义而加以摒弃[5]；反过来讲，他

---

[4] 如果我们能够对"什么样的依恋是必不可少的"这个问题论述得更加充分，那肯定会很有帮助。安娜贝拉·扎古拉（Anabella Zagura）最近提交了一篇题为"一种评价理论"（"An Account of Valuing"）的学位论文（University of North Carolina, 2008），她在该文中主张，一个人必须具有评价能力，才能够过上有意义的生活。她认为，评价既不是持有某个信念，也不是具有某个欲望，而是投身到"将重视的对象视为有价值的对象"这种实践当中。在我看来，这似乎是一个很有用的思路，可以帮助我们深入理解爱和充实感所共有的那种主观依恋。

[5] 托尔斯泰似乎有过这样的经历，参见 Leo Tolstoy, *My Confession* (London: J. M. Dent and Sons, 1905); Reprinted in ed. E. D. Klemke, *The Meaning of Life* (New York: Oxford University Press, 1981) 9—19。

四、回应

也可能多年来都把某项任务当作苦差事,直到后来才意识到它的价值,并为完成这项任务而感到自豪。我同意亚当斯的这个观点:当一个人"正在过某种生活时,他可能会(恰当地)认为自己的生活是有意义的,无论他将来在回顾的时候会如何看待它"。一个人从他当下的生活中所找到的那种意义很可能是一种最值得拥有的意义。然而,我并不认为一个人的回顾式评价完全不可靠。如果一个人在回顾自己的生活时,正确地发现他过去做过的某件事情,虽然他当时认为没有意义,但实际上是有价值的,那么我认为在整体评论其生活的意义时,这一点可以发挥一定的作用。虽然一个人可能会从多种不同的视角来评价自己的生活(或其生活的各个阶段)的意义,但我们并不清楚,在形成这种整体评价的时候,该如何最好地权衡这些不同的视角。由于人们往往也会从不同的视角来评价自身的幸福[6]，因此也会出现类似的难题，而这一点同样也令我困惑不已。然而，我们也应该意识到，这种对人们的生活的意义所做出的整体评价并没有那么重要。

意义的理由和爱的理由

诚然，正如诺米·阿帕利所指出的，那些过着有意义的生活的人可能并不怎么考虑或关心其生活的意义。当我们出于爱的理由而采取行动时，我们会从中获得意义，但我们的爱所针对的是相关的活动，或者说是那些界定或塑造相关活动的个人、理念或目标。我们所热爱的并不是意

---

[6] 例如，参见 Daniel Kahneman and Jason Riis, "Living, and Thinking About It: Two Perspectives on Life," in eds. F. Huppert, N. Baylis, and B. Kaverne, *The Science of Wellbeing: Integrating Neurobiology, Psychology and Social Science* (Oxford: Oxford University Press, 2005) and David Velleman, "Well-Being and Time," *Pacific Philosophical Quarterly* 72 (1991)。

四、回应

义本身，也不是过有意义的生活所具有的价值。就像阿帕利所说的，"当某些人出于对艺术的热爱而采取行动时，他们并不是为了过上有意义的生活，而是为了艺术本身"。此外，当一个人去帮助朋友的时候，他之所以有动力采取行动，是因为他爱他的朋友，而不是因为他热爱友谊给他的生活所带来的意义。

很遗憾，在我的演讲中，我并没有说清楚爱的理由和另一种理由——或许可以被称为"意义的理由"——之间的关系，与此相对应，我也没有说清楚爱的对象的价值和有意义的生活的价值之间的关系。阿帕利的评论是一种有益的纠正，我需要对此做出更多的说明。

我在演讲的一开始就主张，我们的很多行动理由（和动机）既不是自利的理由，也不是道德的理由。确切地说，我认为，它们建立在个人对某些物品、活动和理念的依恋之上。我将它们称为"爱的理由"。而当那些物品、活动以及其他事物值得我们依恋的时候,基于这些爱的理由而采取行动就会给我们的生活带来意义。在指出这一点的时候,我不仅希望这一系列的理由和动机会引起人们的注意,而且还想要揭示它们的重要性,并捍卫它们的正当性。在这些演讲中,我也一直在主张,意义是美好生活的另一个重要维度,它与自我利益和道德这两个重要的维度都有所不同。但我并没有打算主张,爱的理由(和动机)之所以是好的理由,仅仅(或主要)是**因为**拥有这些理由并按照它们来采取行动会有助于给我们的生活带来意义(而且确实也是我们的生活为了获得意义所必不可少的)。意义与爱的理由之间的关系和自我利益与快乐的理由之间的关系,以及道德与仁慈的理由之间的关系是完全不同的。让我来解释一下。

当一个人因为觉得吃比萨、散步或度假会令自己愉快而去享受做这些事情时,他就是在按照我所说的"快乐的理由"来采取行动。他的动机

四、回应

来自这样一些想法：那个行动会很有趣或令人放松，或者会减轻饥饿的痛苦。他可能从来都没有将这些行为归入"自我利益"这一更加宽泛且更加抽象的范畴。但一般来说，他会愿意承认自己那些快乐的理由是一种自利的理由。如果他确信自己所预期的快乐将不利于自己的整体福祉，那么通常来说，他会认为这是对自己的决定进行重新考虑的一个强有力的理由。类似地，当一个人安慰某个膝盖擦伤的小孩、给年迈的邻居铲车道，或者拿钱给在街上乞讨的流浪汉时，他是按照我所说的"仁慈的理由"来采取行动。他可能从来都没有将这些行为归入"道德"这一更加宽泛且更加抽象的范畴。但一般来说，他会愿意承认自己那些仁慈的理由是一种道德的理由。如果他确信自己正在考虑的那个行动在总体上并不会被道德所赞许，甚至不会被道德所允许，那么通常来说，他会认为这是对自己的决定进行重新考虑的一个强有力的理由。正如阿帕利所指出的，意义与爱的理由（即我们的生活为了获得意义所必不可少的那类理由）之间的关系就没那么直接了。爱的理由并不是一种意义的理由：当一个人去拜访他的兄弟、帮助他的朋友或者努力撰写他的哲学文章时，他通常并不是为了给自己的生活带来意义，也不是为了表达他对过有意义的生活感兴趣。即便他得出结论说（不管正确与否），他所考虑的那个行动不太可能会让他的生活变得更加有意义，这个结论也不一定会对该行动构成强烈的反对。它看起来是一个不相关的结论。

即便存在"意义的理由"这样的东西，也就是说，即便某些事实表明某个事物将有助于给一个人的生活带来意义，从而提供了推动或促进该事物的理由，人们也很少能够直接了解这些事实，甚至在他们能够直接了解的情况下，这些事实也不太可能发挥重要的作用。如果我对有意义的生活的看法是正确的，那些有助于给某个人的生活带来意义的行动就将与这个人对某些被他视

四、回应

为有独立价值的事物的爱或激情联系在一起。因此，他会有一些与他的生活意义无关的其他理由来采取这些行动，而且不必追问这些理由与他的生活意义有什么联系。

作为美好生活的一个维度，意义的重要性以及促进意义的理由的重要性和正当性，往往在其他语境下会有更多的实践含义。我一直主张，在给别人提建议或评价他们的时候，比起他们的行动会在某些方面让他们感到快乐，"他们想做的事情将有助于给他们的生活带来意义"这一事实给了我们不同的理由、在某些情况下甚至是更强有力的理由去鼓励或允许他们做自己想做的事情。（因此，比起为了泡热水澡而错过办公时间，我们更能容忍有人为了听讲座而错过办公时间；同理，比起为了保护自己而撒谎，我们也更能容忍有人为了保护朋友而撒谎。）此外，当我们要考虑那些（在更加抽象的层面上）与如何塑造自己的生活或抚养小孩相关的问题时，以及考虑那些关于如何建立教育机构、制定社会政策等范围更大的问题时，对意义的考量可能会与我们的决定相关。如果父母能够意识到有意义是美好生活的一个维度，并且与幸福有所不同，以及意识到当我们的主观吸引力与具有客观吸引力的事物相遇时，意义就产生了，那么父母就有理由让他们的小孩多去接触这样一些活动或计划：它们不仅值得参与，而且他们的小孩"在主观上"可能还会被这些活动所"吸引"（也就是说，他们可能会对这些活动充满激情）。事实上，这会让我们想要确保所有的小孩都能够接触到这些东西，而且我们的社会、政治和经济制度应当给所有人提供机会，让每个人都能够建立这样一些关系以及追求这样一些兴趣：这些关系和兴趣不仅会给人们带来快乐和舒适，而且还会给他们的生活带来意义。我们确实已经在相当大的程度上想要获得这些东西。这至少是我们送孩子去上音乐课、支持学校开展艺术项目、批准政府花钱维护国家公园的部分原因。就此而言，我对意义这个维度的识别和分析或许只是在更清楚地向人们展示这些关切背后的依据，以及我们如果未能回应这些关切会有什么样的风险。

对适宜充实论的挑战：
客观价值真的必不可少吗？

但是，我对有意义的生活的看法正确吗？为了过上有意义的生活，我们真的需要积极热情地参与一些值得参与的计划吗？更具体地说，"值得参与的计划"这个概念与价值的客观性密不可分，而为了区分有意义的生活和无意义的生活，我们真的需要认可价值的客观性吗？乔纳森·海特和诺米·阿帕利都在其评论中提出了这一挑战，他们的思路非常相似，而且相辅相成。

在发展我的意义观的过程中，我提供了一些对个体生活的直觉判断。海特和阿帕利都认可这些判断，他们正是从这里来展开批评的。也就是说，他们同样也认为，在其他条件相同的情况下，一种致力于照顾宠物金鱼或开割草机赛车的生活很有可能就不如另一种致力于创作交响乐或指导青年团体的生活那么有意义。然而，他们两个人都认为，我们可以在纯经验性的基础上解释这些判断。正如阿帕利所指出的，"金鱼偏执狂的大部分大脑仍然未被使用。她没有体验到学习所带来的满足感，甚至没有体验到逐渐变得更擅长某项工作所带来的满足感……她的基本情感需求，甚至是那些非常普遍、独立的情感需求，仍然得不到满足"。而海特则指出，"那些开割草机赛车的人和那些在旗杆上坐着的人都无法全心投入这些活动"。按照我的理解，他们的核心观点是：这些活动显然无法令正常人感到充实。因为它们不仅不够复杂，而且跟社会的联系也不够紧密，因此无法令人感到心满意足，尤其是当某人围绕这些活动来规划他的整个生活时，它们就更

四、回应

加无法令人满意了。要提出或捍卫这些主张,并不需要诉诸客观价值。我们只需要观察人类的行为就足够了。因此,简单版本的充实论不仅可以认可这些直觉判断,而且不需要在元伦理学上承担一定的风险。

海特和阿帕利对人类心理学的讨论不仅充满了洞见,而且也有启迪的作用。我相信,他们的讨论会对适宜充实论产生一些有趣的影响。尽管如此,我还是相信,我们不应该借助他们的洞见来捍卫一种无需诉诸客观价值的意义充实论。

从表面上看,阿帕利和海特的讨论暗含了这样一种意义观,该观点似乎无缘无故地赋予了正常人特殊的地位。阿帕利明确地写道:"有个正**常的**成年人从养金鱼中获得了充分的满足感,对此我的看法是:这样的人是不存在的。"海特则向那些开割草机赛车的人和那些在旗杆上坐着的人追问道:"他们中有多少人会在青少年时期从这些活动中感受到心流的体验呢?又有多少人会津津有味地阅读所有他们能找到的关于割草机历史和旗杆历史的书籍，会热情地收集与割草机和旗杆相关的收藏品，以及会在选大学和选工作的时候，首先考虑的是他们如何能够一直和其他志同道合的人一起开割草机赛车或在旗杆上坐着？"他假定答案是："非常少。"但是，读者可以合理地追问：那又怎样？做个正常人到底好在哪儿？如果不给这些问题提供一个答案，我们就需要进一步解释：明明确实有某些人觉得这些活动令他们感到充实，但为什么这些活动没有给他们提供意义呢？或者说，这些活动得在什么条件下才会给他们提供意义？

仔细考察海特和阿帕利的评论，我们可以看到，他们的评论提供了初步的思路来回应上述这些要求。他们两个人都提到了人类的正常需求和能力，而参与那些我们直觉上认为不适合作为意义来源的古怪计划却无法让人们满足这些需求或发挥这些能力。他们通过委婉的方式来表明：要

四、回应

过有意义的生活，真正的关键就在于满足这些需求以及发挥这些能力。如果和统计结果相反，照顾金鱼（就像阿帕利举的智障儿童例子一样）或开割草机赛车这两项计划确实是某些活动模式的核心要素，并且这些活动令人满意地满足了这些需求，那么即便这两项计划从抽象的层面来看会显得很愚蠢，它们也会给参与者的生活带来意义。

他们的讨论有效地指出了（简单版本的）充实论的捍卫者可以利用哪些资源来回应我在演讲中所提出来的思想实验。事实上，根据我对他们的评论的解读，他们所倡导的这种简单版本的充实论与我在演讲中所讨论的充实论并不一样，这是一种更加丰富的观点，非常值得详细阐述，以便让我们可以认真考虑它能否作为一种替代观点。这种观点将充实感与满足心理需求（比如对陪伴的需求）以及发挥人类的能力（可能指的是全心投入的能力）联系在一起，或者更广泛地说，它将充实感与实现人类的自然潜能联系在一起，因此这种观点似乎并没有将充实感理解成一种纯主观的特征（即主体的体验在质量方面的特征），而是理解成一个具有更多实质内容的客观条件。例如，根据这种观点，如果人类需要获得爱和亲密关系，那么一种令人感到充实的生活就必须包含爱和亲密关系——但如果某人是因为受到欺骗而错误地**觉得**自己已经获得了爱和亲密关系，那么他的生活就不会满足这个条件。

如果我对海特和阿帕利的理解是正确的，那么他们就是在建议我们应该以这种方式来理解充实感，而且我们应该将"一个人的生活是有意义的"等同于"他在这种意义上感到了充实"。根据这种观点，充实感就是一个客观条件，它可能会要求主体**必须**有人爱、**必须**做一些挑战智识水平的事情以及全心投入某项活动，而不是仅仅要求主体相信或觉得自己的生活就是如此；然而，它并不需要诉诸或认可客观**价值**。这种观点

四、回应

将充实感大致理解为"实现一个人的心理本性（psychological nature）"，该观点至少可以追溯到亚里士多德，它是一种古老传统的一部分。[7]由于这种观点关注的是令人感到充实意味着什么，因此该观点有很多值得称道的地方。然而，基于以下这几个理由，我们不应该将这种意义上的充实感等同于生活中的意义。

首先，虽然这种观点没有赋予正常人特殊的地位，但它确实赋予了本性特殊的地位，因为它将充实感等同于满足一个人的（人类）本性所提出来的要求。就算把确定人类本性的构成要素这一难题抛在一边，我们的问题还是没有解决：做那些符合一个人的本性的事情到底好在哪儿？一个人具有什么样的本性这一点重要吗？比如说，一个人的本性是温顺还是好斗、是热爱创造还是

---

[7] 该观点在乔尔·范伯格这篇精彩的文章中有更新的表述，参见"Absurd Self-Fulfillment," in Joel Feinberg, *Freedom & Fulfillment* (Princeton: Princeton University Press, 1982)。

热衷模仿、是喜欢社交还是偏爱独处,这一点重要吗?如果我们将充实感等同于有意义的生活,那么这些问题就显得特别迫切。即便我们可以合理地认为,"实现一个人的本性潜能"这样一种充实感有助于提高主体的福祉水平,因而也是他的自我利益的一个组成部分,但我们仍然不清楚为什么实现这种潜能就会使这个人的生活变得有意义。此外,如果一个人有可能超越自己的本性,做一些与自己的本性无关但又无比美好的事情,这难道不是也会让他的生活变得有意义吗?

这些问题表明了我们有可能从一种超越自我利益的视角来看待和评价一个人(无论是自己还是他人)。[8]我们不仅可以追问一个人的生活(或其生活的某一部分)是否对他有益,还可以追问他的生活(或其生活的某一部分)值不值得钦佩,可不可以让这个人引以为豪。我在演讲中提

---

[8] 然而,这并不意味着基于这种视角的评价与这个人的自我利益无关。

四、回应

出，人们具有某种普遍且深层次的欲望，希望能够从这种视角看到自己的生活是有价值的；我还指出，按照我对有意义的生活的理解，过有意义的生活是对这种欲望的回应。由于将有意义的生活等同于满足一个人的本性所提出来的要求以及实现其本性潜能（无论这些要求和潜能指的是什么）不仅会切断这种联系，而且还会导致这种视角受到忽略，甚至有可能会被人遗忘，因此这就给我们提供了第二个理由来反对这种观点。

海特怀疑我担心"如果没有客观价值这种东西，那么……人们就有理由认为，开割草机赛车、在旗杆上坐着以及玩摇滚乐就跟创作交响乐或纠正不正义现象一样，都很有意义"。我承认我持有这样一种先于反思的判断，即开割草机赛车不太可能比创作音乐更能给一个人的生活带来意义；然而，我的兴趣是去理解我一开始的这种判断，而不是去证实它。基于我在演讲中所提出来的理由，我得出了一种我认为颇有说服力的观点：意义来源于我们积极参与一些具有客观价值的计划。如果事实证明，开割草机赛车**具有客观价值**（或者它在一个具有客观价值的活动网络中占有一席之地），而不仅仅是一种无害却又怪异的娱乐活动，那么根据我的观点，对于那些欣赏这种价值并加以回应的人而言，这项活动就**将**给他们的生活带来意义。这里没有什么可担心的。

与此同时，海特认为我的观点会产生某种后果，并且他表达了自己对这种后果的担忧。具体来说，他担心"一旦有人真的提出了某种恰当的客观价值理论"，我将不得不跟他以前那个学生说："别人有可能会宣布她对马的热爱毫无意义。"我认为这种担忧缺乏依据，理由如下：

首先，关于哪些事物具有客观价值，任何人在这方面都不需要接受其他人的主张。没有人有权力向另一个人"宣布"哪些事物具有客观价值，而哪些事物则缺乏客观价值。海特在表达他的担忧时，想到的是这样一种哲学家或哲学家陪

四、回应

审团的形象：这些哲学家声称自己不仅擅长理解客观价值的**理念**，而且还擅长运用这一理念。这种观点遭到了海特的抵制，他在这一点上是正确的。正如我在演讲中所说的，我相信所有人都可以追问哪些计划和活动具有客观价值，也都可以尝试自己回答这个问题，而且如果把我们的信息和经验汇集在一起，那么我们就有可能最大限度地接近这个问题的答案。文化史和道德史已经相当清晰地表明，即便存在客观价值这种东西，我们在确定哪些活动和对象具有这种价值的时候，也非常容易犯错。而唯一明智的做法是，如果我们想要确定某项活动或某个系列的活动值不值得参与，那么我们就应该去了解那些最熟悉这些活动的人的看法。如果海特那个学生在她一系列的骑马计划中**发现**了某种有价值的东西，那么她或许能够将这种东西清晰地阐述出来，让那些最初对此持怀疑态度的人也能够理解这种价值。此外，即便她不能说服别人，这也不意味着她一定是错的。

与此同时，既然我坚持将意义的问题与客观价值的问题联系在一起，这就意味着"一个人的生活有没有意义"这个问题肯定会牵涉到风险。我们认为有价值的东西最终被证明是没有价值的，一个对我们产生主观吸引力的对象最终被证明在客观上是没有吸引力的，这种情况一直都有可能发生。我们会崇拜一个虚假的神、爱上一个无赖、写出糟糕的诗。[9]根据我的主张，我们应当将"有意义"视为美好生活的一个独特维度，将其等同于热爱参与一些值得参与的计划。在倡导这种主张的时候，我其实在委婉地鼓励人们要面对这种风险，也就是说，我在鼓励他们去追问他们的计划值不值得参与。

因此，我不认可海特对他那个学生的担忧的

---

[9] 事实上，雄心勃勃的艺术计划所面临的特殊风险，正是约翰·科特那篇评论的核心主题。

四、回应

第二个理由是：如果那个学生去追问那些以骑马的爱好为核心的相关活动值不值得她花一辈子的时间来参与，那么无论她最终得出什么样的答案，我认为这对她来说都不是一件坏事。当分析哲学家退后一步，追问他们是否正在做任何有价值的事情，他们的书、课程和计划有没有价值的时候，这种担忧在大多数人看来都是恰当的，甚至非常值得赞扬。而如果分析哲学家能够对这个问题给予肯定的回答，也就是说，他们自己能够理解为什么他们正在做的事情是值得做的，那么这至少会让他们从哲学活动中获得更多的满足感，甚至会提高这些活动的质量。当然，对这个问题的反思也有可能会带来复杂的结果，有可能会导致他们改变其研究的核心主题、调整他们的写作风格，或者改变他们投入教学、服务和研究的时间比例。如果对一个人正在做的事情的价值进行反思，这对分析哲学家来说不仅是恰当的，而且可能也是有益的，那么我不明白为什么这对

生活中的意义

马术运动员来说就会不一样。

诚然,这样一种可能性或者说风险是存在的,即对一个人所珍视的活动进行反思可能会导致他得出这样的结论:这些活动除了会给参与者带来快乐,几乎(或完全)没有其他价值。在我看来,即使得出这样的结论,我们也不必因此感到绝望。虽然我在演讲中坚持主张,有意义是美好生活的一个重要维度,其独特性经常遭到人们的忽视,但我并没有说,有意义是我们的生活中**唯一**值得追求的事物;我也没有说,如果做某件事会让一个人的生活变得更有意义,而做另一件事则会实现或支持他所拥有的其他价值观念,那么当面临这种选择的时候,他总是应当去做那件会让他的生活变得更有意义的事情。(诺米·阿帕利在其评论的结尾提出了一些问题,这些问题表明我的演讲在这一点上是不清晰的。)如果我们能够从某项活动中获得快乐,这就给我们提供了一个非常好的理由去参与这项活动。而如果这项

四、回应

活动是无害的，并且不会把我们所有可以获得意义的重要机会给排挤掉，那么我们就没有理由不花时间来参与这项活动，即便这"仅仅"是为了好玩。

此外，在我和这几位评论者的论述中，我们都倾向于把人们的生活描述成就好像我们可以恰当地认为他们具有某项主导计划或某种主要兴趣一样，因此他们的生活有没有意义就完全依赖于这项计划或这种兴趣。我们应当意识到这种描述并不符合实际情况，尤其是当我们想要把这些想法应用到真实或现实的人身上，以此来评价他们的生活作为一个整体有没有意义的时候，更加要意识到这一点。我们把一个人描述成就好像他**要么**在当诗人，**要么**在当父母一样，或者就好像他**要么**致力于照顾金鱼，**要么**致力于骑马一样。而我们之所以会把一场讨论的重点放在某一项活动或计划上，或者说放在那些主要围绕某一项计划展开的生活上，而不是那些更加复杂多样的生活，是因为这么做可以让我们更加清晰生动地阐述、检验我们的想法。但大多数人的生活确实会更加复杂多样。我们有多种角色、关系、计划和兴趣。我们有家人、朋友、同事和邻居；我们会加入读书俱乐部、教会团体、保龄球联盟和邻里协会；我们会听音乐、编织东西、做园艺工作、慢跑；我们每天早上看漫画书，每天晚上做填字游戏。

构成我们的生活的一些活动和仪式可能只具有工具价值（instrumental value）——它们会让我们保持健康，提高我们的某些能力，而这些能力让我们能够继续做其他事情；此外，也有一些活动和仪式会给我们带来某些完全以自我为中心的满足感。然而，我们所做的许多事情同时还具有某些独立价值，即使我们有时候主要是出于工具理由或快乐主义理由才那么做的。在一种典型的多维生活中，一个人的意义来源不会都处在谚语所说的"同一个篮子里"。要评估这样一种多维生活有没有意义，我们无需太看重任何一项活动或计划。因此，我们不必为乔纳森·海特那个学生担忧的第三个理由是：即便她怀疑她那些与马相关的活动没有任何客观价值，这也不意味着她就有理由放弃这些活动或者该对继续参与这些活动感到内疚。在一种多维生活中，我们不必要求每一项活动都要对意义有所贡献，更不用说要对意义有重大的贡献，因为我们还有其他理由可以证明对某项活动的认可是合理的。

客观价值和主观兴趣的互相依赖：这是一种和解吗？

然而，实际上，我倾向于认为，海特那个学生与骑马的关系、与她的马的关系，以及与马那种更广泛的关系，确实都是有价值的，而且她围绕这些关系所建立的活动网络不仅会给她带来幸福和充实感，也会给她的生活带来意义。（我同样倾向于认为，分析哲学家围绕他们对哲学的热情所建立的活动网络也是如此。）事实上，正如我在演讲中所提到的，我倾向于认为，如果有相当多的人在相当长的时间内对某个事物表现出深深的依恋，那么该事物就极有可能具有某种积极价值或与某种积极价值相关；也就是说，几乎所有被人们**认为**有价值的东西（需要有大量的人，并且他们的这种看法是稳定的），都是有价值的。在我的演讲中，我对这个想法进行了扩展：我把注意力放在这样一种可能性上，即这些依恋的对象具有某些品质，正是这些品质使得这些依恋的对象值得关注，无论实际上是否有任何人注意到这些品质。在我看来，如果人们认为某个物品、某种活动或某项计划很吸引人，那么很可能是因为它身上有某种因素使得它如此吸引人。也许是因为那种活动很有挑战性，那个物品很美，或者那项计划在道德上很重要。然而，按照阿帕利的描述，那个智障儿童却通过照顾金鱼过上了一种

四、回应

更丰富多彩、似乎也更有意义的生活。这种描述和海特对全心投入的讨论表明了在人们的主观兴趣的对象和这些对象的客观价值之间,可能存在着一种不同的关系,而这种关系同样也很重要。

海特和阿帕利的讨论提醒我们,当人们对某种事物产生浓厚的兴趣并开始在乎它的时候,他们会将注意力集中在它身上,会围绕它来开展活动,会发挥他们用来推进、保护、赞美该事物的能力并加以改进。此外,他们还会把这种热情分享给其他人,会创造新的关系和社会群体,并且会在现有的关系中,通过共同的活动和对同一个对象的共同欣赏来建立或加强亲密关系。即便人们所重点关注的对象一开始并没有什么独特价值,可如果他们去参与跟该对象相关的事情,那么他们也可能会围绕它建立一个有价值的活动网络,比如他们会发展和发挥自己的能力(实现自己的人类潜能),以及促进和加强积极的人际关系。

生活中的意义

为了说明我正在考虑的关注对象与其价值之间的这种关系，体育活动和游戏可以给我们提供现成的例子。一群人为了把球投进篮筐而跑来跑去，另一群人则为了阻止他们而跑来跑去，这样一种活动大概并没有什么特别有价值之处。而采用额外的规则且限制允许的动作，也不会给这种跑来跑去的活动带来巨大的改进，以至于从一种超然的视角来看，参与者有理由为这种活动本身感到自豪。但即便打篮球本身并不是一种有客观价值的活动（请忽略它目前在我们的文化中所建立的地位），它也会给人们提供机会去做很多有价值的事情。比如说，它会给人们提供机会去培养能力和美德并付诸实践，去建立关系，以及去跟那些对同一种活动也有热情并沉浸在其中的人进行交流。俳句或十四行诗等艺术形式的价值大概也有类似的历史：我认为，这些传统形式本身一开始是没有价值的。因此，当诗人和诗歌爱好者对这些诗歌形式产生兴趣并认可它们的时候，他们并不是在对这些诗歌形式已有的某种价值做

四、回应

出回应。更确切地说，是因为有某些人对这些诗歌形式产生兴趣并认可它们——他们可能被这些诗歌形式所吸引，也可能仅仅是为了好玩或增加挑战难度而同意在诗歌中加入这些限制形式——所以这些诗歌形式才有价值。由于打篮球这种活动或习俗已经获得了认可，而且大受欢迎，再加上我们的文化传统一直在发展并且有很多群体都在组织篮球活动，所以篮球能够为有价值的活动所提供的机会已经大大增加了：现在一个人不仅可以打篮球，还可以当篮球教练、篮球老师，以及撰写有关篮球的书。即便一个人只是一个球迷，这个身份也可以成为他与其他人之间的联系纽带，为他在聊天中提供一个现成的话题，或者让他意识到他与自己的邻居或社群之间存在着联系。[10]

---

[10] "脚跟队，加油！"〔作者在这里指的是北卡罗来纳焦油脚跟队（North Carolina Tar Heels），它是北卡罗来纳大学教堂山分校一支具有一百五十多年历史的棒球队。——译注〕

生活中的意义

当人们的初始兴趣或爱好与他们想要追求卓越品质、创造力和社会联系这样一种驱动力相互发生作用时，价值就有可能产生。承认这一点将有助于我们意识到一种活动或一个物品所具有的价值实际上是一个连续体（continuum）。更确切地说，一种活动或一个物品在一个人的生活中所产生的价值将取决于这个人与该活动或物品之间的关系，以及它在这个人的生活中所扮演的角色，因此它的价值是会发生变化的。纪录片《填字游戏》(*Wordplay*)就展示了填字游戏可能会以哪些显著的方式来提高一个人的生活质量：有些人会把填字游戏当作一种独自完成的日常仪式（因此仅仅把它当作一种无害的娱乐活动），还有一些人会去参加比赛或者创造新的填字游戏，而最令人惊叹的例子则来自《纽约时报》的填字游戏编辑威尔·肖兹（*Will Shortz*），他在大学毕业的时候获得了自创的谜语学专业学位。大概连开割草机赛车这种活动也已经（或可以）在这个价值的连续体之中占有一席之地。

四、回应

尽管海特和阿帕利认为他们的例子（那个爱马的学生和那个爱金鱼的男孩）对这样一种观点构成了挑战，即"有意义"需要被理解成一种与客观价值密切相关的属性，但我认为他们的例子是在暗示我们可以在哪里找到客观价值，以及客观价值是如何产生的。以这种方式来理解他们的例子，我们不仅可以承认他们对这些例子的评价很有说服力，而且还可以解释为什么他们的评价如此具有说服力。

这些讨论也给我提供了机会来阐述我在之前的演讲中所提出来的一个观点，当时我只是抽象地提及而已，这个观点就是：那种在我看来对有意义的生活至关重要的客观价值与柏拉图或 G. E. 摩尔所设想的那种纯粹的、独立于主体的形而上学属性是截然不同的。这样一种客观性看起来才是意义不可或缺的：它意味着我们可能会对价值形成错误的看法。一个人喜欢某种事物或认为它有价值，并不会使该事物变得有价值（同样地，他不喜欢某种事物或认为它没价值，也不会使该事物变得没价值）。此外，在我看来，整个社会都喜欢某种事物或都相信它有价值，这本身同样也不会使该事物变得有价值。然而，我对篮球和诗歌形式的讨论已经表明，一个人或一个群体对某种事物的喜爱可能会**导致**该事物变得有价值。如果有人对某种事物产生兴趣（或者说被它所吸引），尤其是当很多人都拥有这种兴趣的时候，那么这种兴趣就可以给价值提供**机会**，也就是说，它可以成为一个轴心：虽然这个轴心本身一开始是中性的，但人们可以围绕它来进行有价值的活动。

既然客观价值可以从人们的初始兴趣和爱好中产生，这样一种开放性或许就能够缓解海特和阿帕利等人一开始对那种观点的抵制。* 与此同

---

* 这里应该指的是这样一种观点，即"'有意义'需要被理解成一种与客观价值密切相关的属性"，参见本书边码第130页。——译注

四、回应

时,这种开放性可能会让其他人失望,因为他们认为这是在削弱我的意义观的独特之处,或者他们可能会感到困惑:如果以这么宽泛的方式来理解这种意义观,那么它的要点是什么呢?

正如我前面所说的,它的要点并不在于捍卫某一种特定的实质性观点,以便我们可以了解什么样的活动值得参与或什么样的生活有意义,而在于捍卫那些对阐述这些实质性观点而言必不可少的范畴和概念。按照我的主张,有意义是美好生活的一个独特维度,它与幸福和道德价值都有所不同,并且"有意义"这个概念与我们对价值的客观特征的认可是密不可分的。在提出这些主张的时候,我试图表明:让"有意义"和"价值"等词汇保持活力,是一件很重要的事情,我们不应该将这些术语同化为(或还原为)其他一些在哲学和流行文化中让我们感到更轻松的术语。我相信,只有当我们拥有这些概念,我们才能够理解我们的一些渴望和满足感的来源;之后我们才能够恰当地评估我们的一些道德直觉和其他评价性的直觉；在此之后，我们才能够追问什么样的计划值得参与以及什么样的生活有意义，也才能够对这些问题提出相关的假说。

索引[*]

Adams, Robert M.　罗伯特·亚当斯，xv, 102, 107, 109—111, 112, 113n3, 114, 115

aesthetics　美学/审美，68—74

And Where Were You, Adam? (Heinrich Bölls)　《亚当，你在哪儿?》(海因里希·伯尔)，81

alienation　疏离，xiii, 9, 111—112

Allen, Woody　伍迪·艾伦，92, 93

Annie Hall (Woody Allen)　《安妮·霍尔》(伍迪·艾伦)，92

Apollinaire, Guillaume　纪尧姆·阿波利奈尔，69

Aristotle　亚里士多德，10, 10n3, 122

---

[*] 索引页码系原书页码，即本书边码。n指的是注释。——译注

Arpaly, Nomy 诺米·阿帕利, xv, xvi, xvii, 103, 115, 117, 120, 121, 122, 128, 130, 131

art 艺术

and the artistic endeavor 艺术与艺术追求, xiii

and the avant-garde 艺术与先锋派, xv, 68—74

and criteria for success 艺术与成功的标准, xv, 30, 108

and failed projects 艺术与失败的计划, xv, 30, 69—74, 108

and the scorned artist 艺术与遭到鄙视的艺术家, 30, 68

Ashbery, John 约翰·阿什贝利, 68, 70, 73

Astaire, Fred 弗雷德·阿斯泰尔, 44

atheism 无神论, 92

avant-garde 先锋派, xv, 68—74

ball of string 线球, 67, 104

The Banquet Years (Roger Shattuck) 《宴会岁月》(罗杰·沙特克), 69

basketball 篮球, 19, 129, 130, 130n10, 131

Basque language 巴斯克语，90

Berrigan, Ted 泰德·贝里根，73—74

 and the Iowa Writers Workshop 贝里根与爱荷华作家工作坊，73

 and New York School Poets 贝里根与纽约诗派诗人，73

bipartite view 二分论，18—25

 See also Fitting Fulfillment View，另参见适宜充实论

Bölls, Heinrich 海因里希·伯尔，81

boredom 无聊，xiii, 9, 17, 111—112

bourgeois American values 美国中产阶级的价值观，30—31, 39, 96

 See also elitism 另参见精英主义

"Burnt Norton" (T. S. Eliot) 《燃烧的诺顿》（艾略特），73

Calhoun, Cheshire 切希尔·卡尔霍恩，20n9

Camus, Albert 阿尔贝·加缪，17n7, 56, 56n11

Cavell, Stanley 斯坦利·卡维尔，71, 72

Cézanne, Paul, 保罗·塞尚，11

chocolate cake recipe　巧克力蛋糕食谱，51n7

A Chorus Line　《歌舞线上》，86

Cocteau, Jean　让·考克托，70

communication　交流，80

consequentialism　结果论，7

cosmic insignificance　在宇宙中的渺小，28—29, 29n14, 92

Critique of Utilitarianism (Bernard Williams)　《效益主义批判》(伯纳德·威廉斯) 55

crossword puzzle solving　玩填字游戏，9, 16, 130

Csikszentmihaly, Mihaly　米哈里·契克森特米哈伊，94

Dancing in the Streets (Barbara Ehrenreich)　《街头的狂欢》(芭芭拉·艾伦瑞克)，99

Dante　但丁，70

Darger, Henry　亨利·达尔格，70—71

Darwall, Stephen　斯蒂芬·达沃尔，24n11

death　死亡

　contemplation of　对死亡的思考，8, 28

　and despair　死亡与绝望，xiii, 28

delusion 妄想/错觉，xv, 23—25, 71—72, 87—88, 108, 125
detached perspective 超然的视角；See external point of view 参见外在的视角
Duchamp, Marcel 马塞尔·杜尚，70
duty 义务，2, 4, 51, 85, 89, 109
 See also morality 另参见道德；reasons, of morality 道德的理由
Dylan, Bob 鲍勃·迪伦，44

egoism 利己主义
psychological 心理利己主义，1
rational 理性利己主义，xiii, 1, 7
 See also reasons, of self-interest 另参见自利的理由；self-interest 自我利益
Ehrenreich, Barbara 芭芭拉·艾伦瑞克，99
Einstein, Albert 阿尔伯特·爱因斯坦，11
Eliot, T.S. 艾略特，73
elitism, danger of 精英主义的危险，xiv, xvii, 30—31, 39—40, 63, 96
endoxa 共识，10

endoxic method 共识法，xiv, 10, 26—27
engagement 参与/投入
  active, productive, or positive 主动、富有成效或积极的参与，xiv, 6—9, 26—27, 31, 58, 62, 104
  with objects/projects of worth 参与那些值得参与的对象或计划，6—9, 27, 32, 35, 42, 58, 62, 93, 104
  with values 参与有价值的活动，41
  vital 全心投入，xvii, 93—97, 120, 128
  See also Fitting Fulfillment View 另参见适宜充实论；meaningfulness 有意义
enigmatology 谜语学，130
eudaimonia 福祉，91
external point of view 外在的视角，28—33, 42, 58—59, 129—132
  See also objective value 另参见客观价值；view from nowhere 没有来源的视角

failure 失败，xv, 30, 69—74, 76—84, 108
  See also success of one's projects 另参见一个人的计划的成功

索引

Father Knows Best 《老爸最清楚》，43—44
feelings 感受
　of anxiety 焦虑的感受，14—15
　of disappointment 失望的感受，14
　of fulfillment 充实的感受，xvi, 13—16, 27—30, 76—79, 110—115
　of love 爱的感受，112—114
　of pain 痛苦的感受，14—15
　of stress 感受到压力，14—15
　of suffering 感受到痛苦，14
Feinberg, Joel 乔尔·范伯格，122n7
"find your passion and go for it" "找到你的激情并追随这种激情"，10—18, 19—25
　See also Fulfillment View 另参见适宜充实论
Fitting Fulfillment View 适宜充实论，xiii, xiv, 25—33, 95
application of 适宜充实论的运用，67—74
　and the danger of elitism 适宜充实论与精英主义的危险，39—49
　objective element of 适宜充实论的客观要素，40—45, 67—74, 81—84, 86—91, 96—101, 104—109, 119—127

· 265 ·

and questions about objective value 适宜充实论与有关客观价值的问题, 35—39

subjective element of 适宜充实论的主观要素, 27—30, 67—74, 76—81, 109—115, 115—119

flagpole sitting 在旗杆上坐着, xvii, 47, 96—97, 120, 123

flow 心流, xvii, 94—97, 120

Foucault, Michel 米歇尔·福柯, 70

Frankfurt, Harry 哈里·法兰克福, 4n1

Friday Night Lights 《胜利之光》, 43

fulfillment 充实

  feelings of 充实感, 13—16, 27—30, 76—79, 110—115

  human need for 人类对充实生活的需求, 27—32

Fulfillment View (simple) 充实论（简单版本）, 13—18, 19, 34—35, 62, 120—127

fun 乐趣, xvii, 14, 124, 126

Gandhi, Mohandas 莫罕达斯·甘地, 11

Gauguin, Paul 保罗·高更, xv, 58n12, 69

Gide, André 安德烈·纪德, 70

Girls on the Run (John Ashbery) 《奔跑的女孩》（约

翰·阿什贝利），70

God　上帝，59, 92

God's-eye view　上帝视角，28

goldfish caretaking/watching　照顾/观看金鱼，xvi, xvii, 23, 36, 86, 119

 and goldfish lover　照顾/观看金鱼与爱养金鱼的人，16, 25, 37

 and Goldfish Nut　照顾/观看金鱼与金鱼偏执狂，87—88, 119—120

 and retarded child　照顾/观看金鱼与智障儿童，88—89, 128, 130

good　好/利益

 feelings　美好的感受，13—14

 general　公共利益，7

 See also morality　另参见道德

good life　美好的生活，xiii, 7, 12, 51, 118

Grieve, Bradley Trevor　布拉德利·特雷弗·格雷夫，10n4

group, concern for　对群体的关注，xviii, 98—100

 See also hive psychology　另参见蜂群心理学；ultra-social animals　超群居动物

Guinness Book of World Records 吉尼斯世界纪录，47

Haidt, Jonathan 乔纳森·海特，xv, xvii, xviii, 103, 119, 120, 121, 122, 123, 124, 125, 127, 128, 130, 131
happiness 幸福，xiii, 2—7, 8, 13, 34, 49—51, 52, 68, 76, 93, 94, 118
  See also self-interest 另参见自我利益
hedonism 快乐主义，15, 15n6, 23, 52, 127
higher purpose 更高级的目标，xiii, 1, 18
Hitler, Adolf 阿道夫·希特勒，xvi, 77, 80, 81, 107
hive psychology 蜂群心理学，xviii, 93, 97—101
horseback rider 马术运动员，95, 97, 124—128, 130
horsemanship 马术，xvii, 95, 97
human needs 人类需求，27—28, 121—122

impartiality 不偏不倚，xiii, xvi, 82—84
impersonal perspective 非个人化的视角，2
  See also external point of view 另参见外在的视角；
    morality 道德；reasons, of morality 道德的理由
intentionality 意向性，78—82, 110

intersubjectivity 主体间性；See value 参见价值
intimacy, need of 对亲密关系的需求，121—122
intuition, level of 直觉的层面，36
Iowa Writers Workshop 爱荷华作家工作坊，73

Janet, Pierre 皮埃尔·珍妮特，70
Jesus 耶稣，76
justification 辩护
    of actions and choices 对行为和选择的辩护，50
    by morality 从道德的角度提供辩护，2, 82
    of reasons of love 对爱的理由的辩护，6—7
    by self-interest 从自我利益的角度提供辩护，2

Kant, Immanuel 伊曼努尔·康德，1, 85
Kantians 康德主义者，55
Karenina, Anna 安娜·卡列尼娜，58n12
Koethe, John 约翰·科特，xv, 102, 104, 108, 125n9
Kraut, Richard 理查德·克劳特，10n3

language 语言
   and communication 语言与交流，80
   and intentionality 语言与意向性，78—79
   and structure, rational or intelligible 语言与理性或理智结构，80
larger-than-oneself view 超越自我论，xiv, 10—13, 18—25, 30n15, 34—35, 41, 62—63
   See also objective attractiveness 另参见客观吸引力
Laurencin, Marie 玛丽·劳伦森，69
lawn mower racing 开割草机赛车，xvii, 47, 96—97, 119, 120, 123—124, 130
love 爱
   misguided 受到误导的爱，6
   objects worthy of 值得爱的对象，6—10, 27
   reasons of 爱的理由，4—7, 90—91, 112—114, 115—116
   See also subjective attraction 另参见主观吸引力

Mackie, J. L. 麦基，45
marryyourpet.com, 87
McNeill, William 威廉·麦克尼尔，99—100

meaning 意义

and language 意义与语言，xvi, 12—13, 79—80

and morality 意义与道德，xvi, 53—62

meaning-enhancing activities 促进意义的活动，2, 31, 36—37, 53

meaningfulness 有意义，xiii—xviii, 1—33

objective conditions of "有意义"的客观条件，9—33, 35—45, 67—74, 81—84, 86—91, 93, 96—101, 104—109, 119—127

as a reason for action 有意义作为行动的理由，xvii, 2—3, 118—119

subjective conditions of "有意义"的主观条件，9—33, 67—74, 76—81, 109—115, 115—119

meaning in life 生活中的意义，xiii—xviii

and being mistaken about 生活中的意义与对它持有错误的看法，43—45, 71, 124—126

and failure 生活中的意义与失败，30, 69—74, 76—84, 108

and feelings 生活中的意义与感受，xvi, 13—16, 27—30, 76—79, 110—115

and a higher purpose 生活中的意义与更高级的目

生活中的意义

标，xiii, 1, 18

and love 生活中的意义与爱，113—114

and morality 生活中的意义与道德，xiii, xvi, 3, 8, 13, 34, 35, 49—51, 53—62, 76, 85, 90—91

and narrative 生活中的意义与叙事，xiii, 83—84

paradigms of 生活中的意义的典范，11—12, 105

paradox of 生活中的意义的悖论，52—53

and success 生活中的意义与成功，xv—xvi, 67—74, 76—84, 104—109

thought about 对生活中的意义的思考，48—49, 89—90

and why it matters 生活中的意义与为什么它至关重要，48—63

See also meaningfulness 另参见有意义

meaninglessness 无意义

feelings of 感到无意义，7, 17

of lives 生活的无意义，xiii, 34, 41

paradigms of 无意义的典范，11, 17

See also Sisyphus 另参见西西弗

meaning of life 生活的意义，29, 29n14, 93, 98

meaning-relativism 意义相对主义，96

methodological individualism 方法论个人主义，97

Mill, John Stuart 约翰·斯图尔特·密尔，15n6, 24, 46

modernism 现代主义，68—70

Moore, G. E. 摩尔，45, 131

morality 道德，xiii, xvi, 3, 8, 13, 34, 35, 49—51, 53—62, 76, 82—85, 90—91

Mother Theresa 特蕾莎修女，11

motivation 动机

    descriptive models of 描述性的动机模型，1, 3

    dualistic model of 二元论的动机模型，1—2, 34

motives 动机；*See* reasons 参见理由

"Music Discomposed" (Stanley Cavell) 《混乱的音乐》（斯坦利·卡维尔），71

Myth of Sisyphus (Albert Camus) 《西西弗的神话》（阿尔贝·加缪），17n7

Nagel, Thomas 托马斯·内格尔，27—28, 28n13

narrative 叙事，xiii, 83—84

Nazism 纳粹主义，77, 78, 82, 83

New England Patriots 新英格兰爱国者队，85

Newtonian approach 牛顿式的方法，97
New York School Poets 纽约诗派诗人，73
New York Times 《纽约时报》，130
Nietzsche, Friedrich 弗里德里希·尼采，59
normalcy, privileging 赋予常态特殊的地位，119—127

objective attractiveness 客观吸引力，xiv, xv, 9—33, 34—35, 62, 118
 See also objective component of meaningfulness 另参见"有意义"的客观要素
objective component of meaningfulness "有意义"的客观要素，9—33, 35—45, 67—74, 81—84, 86—91, 93, 96—101, 104—109, 119—127
objective condition of meaningfulness "有意义"的客观条件；*See* objective component of meaningfulness 参见"有意义"的客观要素
objective value 客观价值
 and challenges to 客观价值与对客观价值的挑战，xv—xvii, 33, 35—45, 86—91, 96—101, 119
 judgments of 对客观价值的判断，xviii, 3, 43—45

and meaning in life　客观价值与生活中的意义，3, 27—33, 119

and need of　客观价值与对客观价值的需求，62—63

and need for criteria of　客观价值与对客观价值标准的需求，xv

objective worthiness　在客观上是值得的；See objects worthy of love　参见值得爱的对象；projects of worth　值得参与的计划

objectivity, of values　价值的客观性；See objective value　参见客观价值；value, objectivity of　价值的客观性

objects worthy of love　值得爱的对象，6—10, 27, 32, 35, 42, 58, 62, 93, 104

"one thought too many"　"想太多了"，xvii, 90

parochialism　狭隘主义，39—40

particularism　特殊主义，91

passion　激情；See "find your passion and go for it"　参见"找到你的激情并追随这种激情"

patriotism　爱国主义/爱国之情，xvi, 82—84

Picasso, Pablo 巴勃罗·毕加索，69

Plato 柏拉图，45, 131

pleasure 快乐，14, 45, 109, 126

 See also happiness 另参见幸福；hedonism 快乐主义；self-interest 自我利益

poetry 诗歌, xv, 19, 129, 131

point of view of the universe 宇宙的角度，1—2

pot-smoking 抽大麻，9, 16, 19, 21, 25

 and AIDS victim 抽大麻与艾滋病患者，21

practical reason 实践理性，61

 dualistic model of 二元论的实践理性模型，1, 4

 egoistic model of 利己主义的实践理性模型，4

 prescriptive/normative models of 规约性或规范性的实践理性模型，1—2, 3

pride, in oneself 为自己感到自豪，28, 34, 104, 107, 115

projects of worth 值得参与的计划，xiv, 26, 31—32, 119, 125

 See also engagement 另参见参与/投入

psychology 心理学，xviii, 1, 34, 93—100, 120

rating lives 给生活排序，16, 39—40, 108
Raz, Joseph 约瑟夫·拉兹，40n1
reason 理性
    alone 理性本身，1
    dualistic models of practical reason 二元论的实践理性模型，1, 4
    models of practical reason 实践理性模型，1—4, 61
    reasons 理由
    impersonal 非个人化的理由，4—6, 34
    of kindness 仁慈的理由，50, 116—117
    of love 爱的理由，4—7, 50, 53, 89—90, 115—117
    of meaning 意义的理由，2—3, 118—119
    of morality 道德的理由，1—7, 34, 116—117
    personal 个人化的理由，34
    of pleasure 快乐的理由，50, 116—117
    of self-interest 自利的理由，1—7, 34, 50, 116—117
relationships 关系
    between objective dimensions of meaning and impartial morality 意义的客观维度与不偏不倚的道德之间的关系，82—84
    between objective and subjective conditions of

meaningfulness "有意义"的客观条件和主观条件之间的关系，9—10, 20—25, 32, 128—132

　　between reasons 各种理由之间的关系，57—58, 115—119

　　between values 各种价值之间的关系，90—91

　　with friends and family 与朋友、家庭之间的关系，37

religion 宗教，xiii, 59, 68

Robbe-Grillet, Alain 阿兰·罗伯-格里耶，70

Rousseau, Henri 亨利·卢梭，69—70, 72, 102

Roussel, Raymond 雷蒙·鲁塞尔，70

sacrifice 牺牲，56—57

Scanlon, Thomas 托马斯·斯坎伦，32n17

science 科学

　　enterprise of 科学事业，105

　　and failed projects 科学与失败的计划，69, 105—107

　　and quest for discovery 科学与探索新发现，68

　　and scorned scientist 科学与遭到鄙视的科学家，30, 105

　　and successful projects 科学与成功的计划，105—107

self-esteem, need for 对自尊心的需求，28

self-interest 自我利益，1—7, 16, 20, 34, 50—63, 85, 89, 123

　See also morality 另参见道德

Shakespeare, William 威廉·莎士比亚，70

Shattuck, Roger 罗杰·沙特克，69

Shortz, Will 威尔·肖兹，130

Sidgwick, Henry 亨利·西季威克，1—2

Singer, Peter 彼得·辛格，10n5

Sisyphus 西西弗，11, 19, 23, 38

Sisyphus Fulfilled 充实的西西弗，16—18, 19, 20, 23—25, 43, 97

　consequences of 充实的西西弗的结果，24—25;

　and vultures 充实的西西弗与秃鹰，21

skepticism 怀疑主义，72

sociability 社会性，29—30, 32, 130

　See also hive psychology 另参见蜂群心理学；ultra-social animals 超群居动物

"Sortes Vergilianae" (John Ashbery) 《维吉尔之诗》（约翰·阿什贝利），73

Stauffenberg, Claus von 克劳斯·冯·施陶芬贝格，77—

84, 102, 107
and evil 施陶芬贝格与邪恶，xvi, 83
and guilt 施陶芬贝格与愧疚，83—84
and Hitler assassination plot 施陶芬贝格与刺杀希特勒的密谋，77—84, 107
and impartial moral virtue 施陶芬贝格与不偏不倚的道德德性，82—84
and patriotism 施陶芬贝格与爱国之情，xvi, 82—84
Stein, Gertrude 格特鲁德·斯坦，69
Stein, Leo 利奥·斯坦，69
stone-rolling 推石头，21, 23, 36, 43, 96, 123
structure, rational or intelligible 理性或理智结构，80
studying philosophy 学哲学，19, 50, 86, 93
The Story of the Vivian Girls, in What Is Known as the Realms of the Unreal (Henry Darger) 《不真实的国度：薇薇安女孩的故事》(亨利·达尔格)，70
subjective attraction 主观吸引力，xiv, xv, 9—15, 19—33, 34—35, 51, 62, 118
subjective component of meaningfulness "有意义"的主观要素，9—33, 67—74, 76—81, 109—115, 115—119
subjective conditions of meaningfulness "有意义"的主观

条件；*See* subjective component of meaningfulness　参见"有意义"的主观要素

subjective value　主观价值；*See* value　参见价值

subjective worthiness　在主观上是值得的；*See* subjective component of meaningfulness　参见"有意义"的主观要素

subjectivity　主观性；*See* value　参见价值

success of one's projects　一个人的计划的成功，xv—xvi, 67—74, 76—84, 104—109

sudoku solving　玩数独游戏，16, 19, 21, 23, 36

surrealists　超现实主义者，70

Taylor, Richard (Sisyphus Fulfilled)　理查德·泰勒（充实的西西弗），10n4, 17, 17n8, 23

Toklas, Alice　爱丽丝·托克拉斯，69

Tolstoy, Leo　列夫·托尔斯泰，44, 115n5

ultrasocial animals　超群居动物，xviii, 98—100

　See also hive psychology　另参见蜂群心理学

University of Virginia　弗吉尼亚大学，95

student of　弗吉尼亚大学的学生，102
utilitarianism　效益主义，55

valuable activities　有价值的活动；See projects of worth 参见值得参与的计划
value　价值
　　independence of　价值的独立性，11, 21, 31, 32, 35, 37—38, 40—46, 56—59
　　instrumental　工具价值，127
　　intersubjectivity of　价值的主体间性，46, 80
　　metaphysics of　价值的形而上学，39, 41—48
　　non-subjective　非主观的价值，42
　　objectivity of　价值的客观性，33, 35, 41—48
　　subjectivity of　价值的主观性，37, 45—48
view from nowhere　没有来源的视角，27—33
　　See also external point of view　另参见外在的视角；value, independence of　价值的独立性
The View from Nowhere (Thomas Nagel)《本然的观点》（托马斯·内格尔），28n13

Waiting for Godot 《等待戈多》，92

War and Peace (Leo Tolstoy) 《战争与和平》（列夫·托尔斯泰）

    handwritten copies of 《战争与和平》的手抄本，16, 23, 36

    and Tolstoy copier 《战争与和平》和抄写托尔斯泰作品的人，16, 25, 37—38

well-being 福祉，41—43, 68, 94, 117

    See also self-interest 另参见自我利益

who's to say? 谁说了算？ *See* elitism 参见精英主义

Williams, Bernard 伯纳德·威廉斯，31, 31n16, 55—59, 69, 90

Without Feathers (Woody Allen) 《无羽无毛》（伍迪·艾伦），93

Wordplay 《填字游戏》，130

World War II 第二次世界大战，xvi, 81

worth 值得；*See* objective value 参见客观价值；objects worthy of love 值得爱的对象；projects of worth 值得参与的计划；value 价值

Zagura, Anabella 安娜贝拉·扎古拉，114n4

译后记

人类是一种具有反思能力的动物。我们除了像其他动物一样，会为了生存和繁殖而努力奋斗或苦苦挣扎，还会对自己的生活进行反思。因此，很多人会在生活的某个阶段或某些时刻为人生的意义而感到迷茫，比如在生活发生巨变的时候，在郁郁不得志之时，甚至在某个稀疏平常的夜晚。这是一种古老而经久不衰的迷茫，也是一种每个人或多或少都要面对的困境。而想要理解这种迷茫，我们首先就需要弄清楚究竟是哪些问题令我们感到迷茫。

当代已经有不少哲学家指出，我们可以从这

种迷茫中区分出两类不同的问题。第一类问题关注的是"生活的意义"(meaning of life),它试图从一个宏大的角度来追问:在浩瀚无垠的宇宙中,人类的存在到底有没有意义?有什么样的意义?或者说,我们人类来到这个世界上,究竟是为了什么?而第二类问题则关注的是"生活中的意义"(meaning in life),它是从个体的角度,而不是从整个人类的角度来反思我们的生活,它追问的是诸如此类的问题:对于个体而言,什么样的生活才值得一过?究竟是什么东西使得某些人的生活成为有意义的(meaningful)生活?或者说,是什么东西使得某些人的生活比另一些人的生活更有意义?虽然这两类问题在某些方面具有一定的联系,但它们的关注点显然是不一样的。

一旦把这两类问题区分开,我们很容易就可以看出,苏珊·沃尔夫在本书中所探究的是第二类问题,而不是第一类问题。按照本书的论述,沃尔夫对第二类问题持有这样一种观点:当

生活中的意义

一个人做的是自己热爱的事情,并且这些事情具有客观价值时,他的生活就是一种有意义的生活。由于沃尔夫已经在本书中对这个观点进行了详细的论述,我在这里就不再赘述了。至于第一类问题,沃尔夫则在其他地方提到[1]:根据标准的看法,答案取决于上帝存不存在。如果上帝存在的话,那么人类的生活就可能有意义,因为上帝可能是出于某种理由才创造了人类,或者说他可能会把某种目标赋予人类。按照这种看法,我们来到这个世界上就是为了完成上帝所赋予的目标或计划。然而,如果上帝不存在的话,那么人类的生活就没有意义,因为人类的存在只不过是某种物理过程的偶然结果而已,并没有被赋予某种目的或计划。换句话说,人类来到这个世界上只

---

[1] 以下对沃尔夫观点的概述,皆参考自 Susan Wolf, "The Meanings of Lives," in *Life, Death, and Meaning: Key Philosophical Readings on the Big Questions*, ed. David Benatar (Lanham, Md: Rowman & Littlefield, 2016), pp.113—131。

译后记

是一种巧合，我们似乎不可能从这种巧合中寻找到人生的目标。由于沃尔夫本人对上帝的存在持怀疑态度，因此关于第一类问题，她的答案显然是：我们的生活并没有意义。

把沃尔夫关于这两类问题的看法结合在一起，我们就可以理解她所提出来的这样一句看似自相矛盾的口号："在没有意义的世界里，我们依然可以过有意义的生活"("There can be meaningful lives in a meaningless world")。在这里，当沃尔夫提到这个世界没有意义的时候，她针对的是第一类问题，而当她提到我们的生活依然可以有意义的时候，则针对的是第二类问题。也就是说，沃尔夫用这句口号想要表达的是：虽然人类的存在本身是没有意义的，但在个体的生活中，依然有某些东西可以使得某些人的生活变得有意义。正如沃尔夫在本书中所强调的，当一个人积极热情地去做一些具有客观价值的事情时，这就可以使得他的生活变成一种有意义的生活。而沃尔夫认为，客观价值这样一种东西并不需要依赖于上帝的存在；换句话说，即便上帝不存在，某些事物也依然具有客观价值。正是基于这样一种价值理念，沃尔夫才认为，即便没有上帝，我们也仍然可以过上有意义的生活。当然，就像沃尔夫在本书中所指出的，如何理解客观价值是一件很困难的事情，也是一件备受争议的事情。实际上，这个问题也是当前元伦理学研究的一个热门话题，如果有读者想要进一步了解这个问题，可以找一些元伦理学的作品来读一读。

最后，关于本书的翻译，我想在这里向任知微表达感谢！谢谢她细心地通读了整本书的译稿，给我提出了不少有益的改善意见。当然，由于译者水平有限，错漏之处在所难免，希望读者多多批评指正。我的联系邮箱是：pengjielu@foxmail.com。

陆鹏杰

2023 年 5 月 19 日